1998年夏季，洪魔肆虐，农房被毁，交通中断，千里圩堤屡屡出险，赣鄱大地一片汪洋。

奋力抗洪

水灾中的农家

专家在精心规划南昌县水岚洲移民建镇点

张榜公布移民建房名单

向移民宣传有关政策

2000 年 6 月 3 日，省委、省人大、省政府、省政协领导出席全省移民建镇工作表彰大会

国际友人参观永修县立新乡门口山移民建镇点

1998 年 11 月，联合国人居中心一行 3 人在建设部有关专家陪同下，到新建、星子、永修等县考察灾后重建工作

波阳县被平退的圩堤

被平毁的星子县白鹿镇河村细圩

政府组织移民拆除旧房

加快建房

省建设厅派出质量监督员赴各移民建镇点检查指导工程质量

加快建房

加快建房

万年县马塘集镇

都昌县移民新村

建设中的波阳县郎埠集镇全景

永修县城移民住宅小区

余干县移民建镇点

永修县吴城移民建镇一条街的仿明清建筑

波阳四望湖集镇人畜两旺

利用鄱阳湖水面，发展网箱养鱼

新村移民大力发展家禽养殖

波阳县朗埠集镇老人休闲活动

都昌县芙蓉移民小区第一次闹元宵

外宾们在永修县河洲新村参观

和谐的自然生态环境——鄱阳湖候鸟栖息地

2002年迪拜国际改善居住环境最佳范例评选揭晓
Final Result of 2002 Dubai International Award Best Practices to Improve the Living Environment

2002年迪拜国际改善居住环境最佳范例奖经过5月22-26日在中国广州和6月24日-26日在意大利的那波利举行的两轮评选后，评选工作宣告结束。中国大陆地区共有14个项目分别获得最佳范例和良好范例。江西省鄱阳湖地区的灾后移民安置项目获良好范例称号。

二〇〇二年七月

鄱阳湖畔立丰碑

——江西移民建镇纪实

齐 虹 著

中国建筑工业出版社

图书在版编目（CIP）数据

鄱阳湖畔立丰碑——江西移民建镇纪实/齐虹著. —北京：中国建筑工业出版社，2017.6
ISBN 978-7-112-20881-4

Ⅰ.①鄱… Ⅱ.①齐… Ⅲ.①移民安置-城乡规划-概况-江西 Ⅳ.①TU984.256

中国版本图书馆 CIP 数据核字（2017）第 144483 号

本书包括的主要内容有：抗洪救灾、运筹帷幄、全面启动、试点示范、难点热点、攻坚克难、多方监督、整改验收、总结表彰、后续管理等内容。本书是对江西移民建镇工作的全面总结。江西省这场史无前例的移民建镇工程，让全省世代居住在沿长江、鄱阳湖地区低洼地带的近百万农民住进了宽敞明亮的新房，远离了水患之苦，过上了新的幸福生活。也使全省沿长江、鄱阳湖地区的社会主义新农村建设实现了规划设计的新跨越、基础设施的新跨越、人居环境的新跨越。

本书可供从事移民建镇、村镇建设及扶贫攻坚工作的技术人员、管理人员使用。也可供从事相关专业人员参考使用。

责任编辑：胡明安
责任校对：李美娜　焦　乐

鄱阳湖畔立丰碑——江西移民建镇纪实
齐　虹　著

*

中国建筑工业出版社出版、发行（北京海淀三里河路 9 号）
各地新华书店、建筑书店经销
北京科地亚盟排版公司制版
北京市密东印刷有限公司印刷

*

开本：850×1168 毫米　1/32　印张：4　插页：6　字数：103 千字
2017 年 9 月第一版　　2017 年 9 月第一次印刷
定价：**18.00** 元
ISBN 978-7-112-20881-4
（30348）

自　　序

我于 1983 年 7 月大学毕业，被分配到江西省城乡建设环境保护厅工作，先后任厅城市建设处副主任科员、主任科员、副处长，村镇建设处（省移民建镇办）副处长（主持工作）、处长，建筑监管处处长。2009 年 12 月～2012 年 6 月任江西省鄱阳湖水利枢纽建设办公室副主任、党委委员。2012 年 7 月起重新回到工作近 30 年的江西省住房和城乡建设厅，任副巡视员，直至 2016 年 9 月退休。

在长达 30 多年的工作期间，我曾多次参与江西的城市燃气、市政、供水、环卫等工程的项目建议书、可行性研究报告、初步设计审查、施工图审查等项目前期工作，并在项目建设过程中多次深入现场调研督导，但这些均属行业管理范畴，未能直接参与某个项目的全过程建设。自 1998 年开始我直接参加了江西省移民建镇工程、江西省井冈山“一号工程”和江西省鄱阳湖水利枢纽工程这三大工程建设，且前两大工程自始至终参加，其中最经受锻炼的是江西省移民建镇工程。

江西省移民建镇工程自 1998 年 8 月开始，至 2006 年 7 月基本结束，历时 8 年。共分 4 期进行，总规模为平退圩堤 516 座，移民 22.1 万户、90.82 万人，中央财政补助资金 36.7 亿元，涉及南昌、九江、上饶三地（市）所辖的 27 个县（市、区、场）、241 个乡镇（场）。全省共新（扩）建集镇 126 个，中心村 363 个，基层村 2097 个，累计完成投资 62.6 亿元，其中移民建房投资 55.8 亿元，基础设施建设投资 6.8 亿元。

这场史无前例的移民建镇工程，让江西世代居住在沿长江、鄱阳湖地区低洼地带的近百万农民住进了宽敞明亮的新房，远离了水患之苦，过上了新的幸福生活，也使江西省沿长江、鄱阳湖地区的社会主义新农村建设实现了规划设计的新跨越、基础设施的新跨越、人居环境的新跨越。2001 年 12 月，江西省第一期移民建镇项目被建设部授予“中国人居环境范例奖”；2002 年 6 月，江西省鄱阳湖地区灾后移民安置项目又获得了联合国人居署授予的“2002 年迪拜国际改善居住环境良好范例”称号。

在党中央、国务院和省委、省政府的正确领导下，在江西省移民建镇工作指挥部的直接指挥下，通过滨湖地区各级党委、政府和广大干部群众的共同努力，江西省移民建镇工作取得了举世瞩目的成绩，在鄱阳湖畔广大人民群众心目中树立起了一座永恒的丰碑。作为江西省移民建镇工作指挥部办公室的一员，我亲身经历了全省移民建镇工作的每一次活动，耳闻目睹了移民建镇工作中涌现的无数可歌可泣的先进事迹，参与处理了移民建镇工作中遇到的难点和热点问题，曾经奋斗过、激动过、劳累过、惊心动魄过，虽已过去 10 多年，但整个过程至今仍历历在目！

在以习近平同志为核心的党中央的坚强领导下，在全面建成小康社会的征程中，为继续弘扬 98 抗洪精神，激励从事农村工作和村镇建设工作的同志努力做好“三农”工作，为社会主义新农村建设和广大农民群众服好务，重温移民建镇这段难忘的岁月，能使政治立场进一步坚定，思想认识进一步升华，工作作风进一步务实，农村情谊进一步加深。本书将尽可能真实地还原这段历史，力争与读者形成共鸣！

齐　虹

目　　录

第 1 章　抗洪救灾 ………………………………………… 1
第 2 章　运筹帷幄 ………………………………………… 6
第 3 章　全面启动 ………………………………………… 16
第 4 章　试点示范 ………………………………………… 27
第 5 章　难点热点 ………………………………………… 35
第 6 章　攻坚克难 ………………………………………… 45
第 7 章　多方监督 ………………………………………… 50
第 8 章　整改验收 ………………………………………… 63
第 9 章　总结表彰 ………………………………………… 70
第 10 章　后续管理 ………………………………………… 83
附录 1：中共中央　国务院关于灾后重建、整治江湖、兴修水利的若干意见 ………………………………… 91
附录 2：中共江西省委　江西省人民政府关于灾后重建、根治水患的决定 ………………………………… 100
附录 3：江西省平垸行洪退田还湖移民建镇若干规定 ……… 110
后记 ………………………………………………… 122

第 1 章　抗洪救灾

人们不会忘记，1998 年夏季我国长江中下游地区遭受的那场历史上罕见的特大洪涝灾害。

入汛之后，长江流域大部分地区降雨量明显增多，部分地区出现了持续性强降雨。暴雨强度大、范围广、时间长，赣东北、湘西北、鄂东南地区降雨量较常年偏多一倍以上，引发了继 1954 年以来又一次长江全流域性的大洪水，长江连续出现了 8 次洪峰，致使长江中下游干流全线超过警戒水位。

鄱阳湖作为我国的第一大淡水湖，是长江中下游天然的“蓄水池”，但其调蓄作用在这场特大的洪涝灾害面前显得苍白无力，鄱阳湖湖口水文站的最高水位达 22.58m（吴淞高程），超警戒线 3.18m！湖区面积由枯水期的几百平方公里迅速扩大到 $5100km^2$，久经浸泡的圩堤险情不断，大量出现决口。1998 年 8 月 7 日，九江长江大堤决口，九江城区及周边大片农田被淹、房屋倒塌，经济损失极其惨重。

党中央、国务院对江西的灾情十分关心，时任中共中央总书记、国家主席、中央军委主席江泽民，中共中央政治局常委、国务院总理朱镕基等中央领导多次亲临江西视察灾情、指导抗洪救灾工作。中央军委派出了数万名解放军指战员和武警官兵深入九江、鄱阳湖一线抗洪救灾。通过官兵们的日夜奋战，九江长江大堤决口迅速被封堵，但鄱阳湖内洪水滔滔，大量中小圩堤决口难以封堵，肆虐的洪水淹没了众多村镇和无数农房，且长时间不退，成千上万的农民不得不较长时间搭棚蜗居在圩堤上，湖区百姓苦不堪言，人民生命财产损失巨大。据统计，当时全省共有 870 多座圩堤决口，400 多万间房屋倒塌，159 万人无家可归，直接经济损失达 385 亿元人民币。

波阳县是江西省人口最多的县，也是受洪灾最严重的县，全县 130 多万人口大多居住在鄱阳湖畔。在这场特大洪涝灾害中，全县 96 座圩堤有 87 座漫顶或决口，受灾人口达 104 万，倒塌或被洪水浸泡的房屋 100 多万间，82.5 万农民两季颗粒无收，灾情惨不忍睹！

处在长江与鄱阳湖交汇处的湖口县，受来自长江、鄱阳湖两面的洪水夹攻，大量圩堤决口、农田受淹、农房倒塌，就连县城也是一片汪洋。

永修县吴城镇位于鄱阳湖中心地带，便利的水上交通使吴城成为江西历史上的“四大名镇”之一，昔日这里机帆点点、商贾林立，一派繁荣景象！而今被洪水包围，形成孤岛，对外交通几乎中断，多数农房和田地被淹，数万群众处于水深火热之中。

特大洪涝灾害自 1998 年 6 月份开始，一直延续到 9 月。期间新闻媒体大量报道了江西省沿长江、鄱阳湖地区解放军指战员和武警官兵、当地干部群众抗洪救灾的消息，涌现了一大批可歌可泣的动人事迹。数十名共和国将军率领解放军指战员和武警官兵日夜坚守在长江、鄱阳湖大堤上，轻伤不下火线，排除了一处又一处险情，封堵了一个又一个决口，安全转移了一批又一批群众，在抗洪抢险中起到了中流砥柱作用，用血水和汗水保卫国家和人民生命财产安全。灾区广大干部群众在党和政府的领导下积极投入抗洪救灾，共产党员冲锋在前，广大农民群众紧紧跟上，舍生忘死，“舍小家、保大家”，许多村干部和群众顾不上自家的房屋被水淹，却长时间守护在圩堤上，为夺取抗洪抢险的胜利做出了巨大的贡献。由广大军民共同塑造的“98 抗洪精神”得到了全社会的普遍认可。

通过党和政府的精心组织、解放军指战员和武警官兵的全力救援、灾区广大干部群众的积极参与，江西将洪灾损失控制到了最低程度，没有出现群体死伤事件、没有出现重大疫情、没有出现大量难民。

在此期间，时任中共中央政治局常委、全国政协主席李瑞环，中共中央政治局常委、国务院副总理李岚清，中共中央政治局委员、国务院副总理温家宝，中共中央政治局委员、中央组织部部长曾庆红，中共中央政治局委员、山东省委书记吴官正，全国政协副主席毛致用，全国人大常委、中华慈善总会会长万绍芬，民政部部长多吉才让，建设部部长俞正声，水利部部长钮茂生、国家计委副主任刘江，农业部副部长路明等党和国家领导人以及国家有关部委领导或亲临江西，或来电询问，关心灾情，慰问灾民，指导抗洪救灾。江西省委、省政府领导以及灾区各级党委政府领导更是亲临一线参与和指挥抗洪救灾。全省人民紧急动员，有钱出钱、有物出物、有力出力，全力参与和支援抗洪救灾，取得了一个又一个胜利。

在抗洪救灾取得决定性胜利的关键时刻，1998 年 9 月 4 日，中共中央总书记江泽民视察江西九江，发表了《发扬抗洪精神，重建家园、发展经济》的重要讲话。

江泽民总书记首先代表党中央、国务院和中央军委，向奋战在全国抗洪抢险第一线的广大干部群众、解放军指战员、武警部队官兵和公安干警，再一次表示亲切的慰问，致以崇高的敬意！他指出：“这是我第二次来到长江抗洪抢险第一线。两个多月来，我国南方和北方抗洪抢险的伟大斗争，引起了全党、全军和全国人民的普遍关心，中央政治局常委和政治局的同志都一直密切注视着全国抗洪抢险的形势，对受灾地区的群众十分牵挂，我们每天了解汛情、灾情和气象的变化，常常夜不能寐”。“我看了九江市等地的抗洪救灾情况，慰问了防守大堤的军民，看望了受灾群众，刚才又听了省委、省政府关于抗洪救灾情况的汇报，面对发生的严重洪灾，江西广大干部群众坚决贯彻中央决定，团结奋战，克服种种困难，取得了抗洪抢险的重大胜利，特别是在九江市防洪墙发生决口的危急关头，广大军民临危不惧，全力堵口，终于取得了成功，创造了奇迹，中央对你们抗洪救灾的工作给予充分的肯定和高度的评价。”

江泽民总书记指出，今年入汛以来，全国大部分地区降雨量明显偏多，部分地区出现持续性的强降雨，长江发生了1954年以来又一次全流域的大洪水，已连续出现八次洪峰，致使中下游干流全线超过警戒水位，鄱阳湖超过历史最高水位。来势凶猛的洪水，严重威胁着沿江沿湖众多的城市和广大农村，严重威胁着人民生命财产的安全，抗洪抢险出现十分危急的局面。在党中央的坚强领导下，全党、全军和全国人民紧急动员起来，特别是受到洪水威胁的地区的广大干部群众和前来支援的人民解放军指战员、武警官兵，在国家防汛抗旱总指挥部的有力指挥下，同心同德，团结奋战，以大无畏的英雄气概，同洪水展开艰苦卓绝的搏斗，打了一场抗洪抢险的“人民战争”。经过两个多月的顽强拼搏，广大军民战胜了一次又一次洪峰，成功地保住了大江大河大湖干堤的安全，保住了重要城市的安全，保住了重要铁路干线的安全，保护了人民生命的安全。从全局上看，全国抗洪抢险斗争已经取得了决定性的伟大胜利。

江泽民总书记强调，这个胜利充分说明：我们党作为全国人民的领导核心，具有强大的号召和战斗力；我国社会主义制度具有巨大的优越性；人民解放军是党绝对领导下的人民军队，是全心全意为人民服务的子弟兵，不愧为保卫国家和人民的钢铁长城；中华民族具有自强不息、艰苦奋斗的光荣传统，是具有强大凝聚力的伟大民族，有这样的党，这样的军队，这样的人民，什么历史功业都可以创造出来。

江泽民总书记还对如何发扬抗洪精神、重建家园、发展经济作出了全面动员和部署。江泽民总书记在九江发表的重要讲话，为灾区经济社会的发展指明了方向，同时也吹响了灾后重建的号角。

在2016年6月中共党史出版社、党建读物出版社出版的《中国共产党的九十年》一书中有这样一段描述：“1998年夏，我国遭遇一场历史罕见的特大洪涝灾害。长江、嫩江、松花江发生超历史记录的特大洪水，珠江流域的西江和福建闽江也一度发生大洪水，受灾人口达 2.3 亿。面对特大灾害的考验，党中央、国务院、中央军委正确决断、周密部署，广大军民不畏凶险、奋力抗灾。党和国家领导人多次亲临抗洪一线，各级领导干部也纷纷奔赴现场。人民解放军和武警部队出动 30 余万官兵参加抗洪斗争，起到了中流砥柱的作用，全国上下万众一心，夺取了抗洪抢险斗争的全面胜利。”

第 2 章　运筹帷幄

按照国务院领导的指示，由建设部党组成员、纪检组长郑坤生带队，国家计委、水利部、建设部、农业部等部委派员组成国务院调研组，于 1998 年 8 月中下旬深入江西省鄱阳湖地区调研，江西省有关部门的负责同志陪同调研。在碧波浩淼的鄱阳湖畔，调研组乘船实地考察了波阳、都昌、永修等重灾区，亲眼目睹了被大水浸泡的一片片农田、一个个村庄、一幢幢农房和在大堤上暂住的一群群灾民，大家心情异常沉重。郑坤生组长首先提出，能否采取国家补助一点、依靠当地党委政府和广大灾民的力量重建家园？调研组的同志大多认同这一想法，并就相关细节问题展开了研究讨论，表示回去后立即向国家有关部委领导汇报，然后向党中央、国务院报告。

紧接着，建设部部长俞正声受国务院总理朱镕基委托，率国务院工作组赴江西省九江市、永修、湖口、都昌、波阳等市县查看灾情，指导灾后重建工作。俞部长强调：党中央、国务院对长江中下游地区发生的特大洪涝灾害十分关心，要求建设部门着力抓好灾后重建工作。当前要做好两件事，一是要研究灾后重建的方针政策问题，和水利部门一起研究平垸行洪、退田还湖的标准，提出灾后建房补助对象、标准、补助方式等，供政府决策参考；二是要做好灾后重建的技术组织工作，帮助灾区搞好规划设计，拿出适合水毁重建、适合当地条件、多样化的设计图纸，尽快拿出灾后重建实施办法，组织施工和建材供应等。时间紧迫，工作要马不停蹄，抓紧抓好。

1998 年 9 月 1 日～2 日，建设部在安徽省合肥市召开了灾后重建工作座谈会，江西、湖南、湖北、安徽等省建设厅的主要领导和相关处室负责人出席，建设部副部长赵宝江出席会议并讲话。会议传达贯彻了党中央、国务院关于灾后重建工作的重要指示精神，要求各有关省建设厅深刻领会，认真学习借鉴安徽省1991年灾后重建的成功经验，紧急动员、迅速行动，一刻也不放松地抓好灾后重建工作。要建立组织领导机构，对重建工作实施统一管理、指导和协调，要特别重视对灾后重建工作的监督和检查。

1998年9月9日，中共中央政治局常委、国务院总理朱镕基率国家有关部委领导来江西现场办公，听取了江西省委、省政府关于抗洪救灾和灾后重建工作汇报，明确提出了“封山植树、退耕还林；平垸行洪、退田还湖；以工代赈、移民建镇；加固干堤、疏浚河湖”的“32字”指导方针，并就国家补助灾民建房等事宜研究确定了基本原则。一同前来的建设部部长俞正声在会上汇报了国务院工作组调研情况，并对江西等省的灾后重建工作提出了意见和建议，得到了朱镕基总理的认同。

党中央、国务院关于治理水患、灾后重建的大政方针确定后，一场轰轰烈烈的灾后移民建镇战役迅速在赣鄱大地打响！

朱镕基总理来江西省召开现场办公会后，省委、省政府高度重视，1998年9月10日，省委、省政府就全省开展治理水患、灾后重建工作进行了专题研究，并确定由江西省省长助理凌成兴分管全省移民建镇工作。

1998年9月10日下午，省长助理凌成兴召集省计委、建设厅、水利厅、农业厅等部门的领导和业务处室负责人开会，专题研究如何落实中央和省委省政府的指示、尽快开展全省移民建镇工作。会议首先传达了朱镕基总理来江西省召开的现场办公会议精神，然后按照省政府主要领导的指示，研究确定近期以省政府名义召开一次全省移民建镇工作会，动员部署在全省滨湖地区迅速开展移民建镇工作。

1998年9月10日，江西省建设厅召集南昌、九江、上饶三地（市）及14个县的建设局长开灾后重建家园工作座谈会，学习党中央、国务院关于根治水患、灾后重建工作的“32字”指导方针，传达建设部在安徽省合肥市召开的灾后重建工作座谈会精神，通报各市、县受灾房屋损毁情况和灾后重建初步设想。建设部纪检组长郑坤生出席会议并讲了话。会议要求相关市、县建设部门迅速动员部署，全力以赴投入灾后重建工作，当前要着力抓好五项工作：一是组织编制村镇规划；二是开展村镇住宅设计；三是认真组织施工队伍；四是举办好乡镇长培训班；五是抓好灾后重建试点。

经过紧张的筹备，1998 年 9 月 12 日省政府在南昌召开了第一次全省移民建镇工作会议，省直有关部门负责人、南昌、九江、上饶三地（市）的分管领导和 16 个受灾县（区）政府的主要负责人、计委主任、建设局局长、水利局局长等 100 多人出席，省长舒圣佑、常务副省长黄智权、省长助理凌成兴出席会议并讲话。

舒圣佑省长在会上强调：党中央、国务院对江西给予了极大的关心，江泽民总书记亲自视察九江、并发表了重要讲话，朱镕基总理 3 次到江西视察，李瑞环、李岚清二位政治局常委也到了江西，温家宝副总理来了 5 次。我们要坚决贯彻落实中央领导的重要指示，将工作重点转移到恢复生产、重建家园上来。要着眼长远，改善生态环境，实施退田还湖、移民建镇的系统工程，通过努力使鄱阳湖恢复到 4900km^2 的面积。移民建镇要做到近期与远期相结合，治标与治本相结合，恢复与发展相结合，治穷与致富相结合。要对党、对历史负责，经得起历史的检验。黄智权常务副省长强调：江西今年灾情最重，尚有 100 万人在堤上。要按照党中央、国务院“32 字”指导方针，分三种类型做好工作：第一类有碍行洪的圩堤要全部平掉，居民全部搬走；第二类高水还湖的要靠高坡安置，搬出重建；第三类倒房户要恢复。要加快灾后重建工作节奏，提高工作效率，争取第一批 1998 年 10 月中旬开工建房。要保障灾区群众的基本生活条件，1998 年冬季之前要有房子住，有饭吃，有衣穿，能治病，能上学。凌成兴省长助理在讲话中对全省移民建镇工作作了具体部署，他要求各地立即动员部署，抓好“三个宣传”，讲清“两个态度”：即广泛宣传中央领导对灾区人民的亲切关怀，广泛宣传“32 字”指导方针，广泛宣传省委省政府的移民建镇优惠政策；向广大群众讲清楚这是个千载难逢的机遇不要错过机会，向基层干部讲清楚要注重说服引导不搞强迫命令。他要求迅速敲定方案，抓好“三个关键”、落实“四个结合”：即第一个关键是确定移民对象，原则上在湖口水位吴淞高程 22m 以下、被确定为平垸行洪退田还湖的湖区受淹农民均可列为移民对象；第二个关键是移民新村镇选址必须在湖口水位吴淞高程 23m 以上，解决宅基地的指导原则是“以地换地、统一调剂、适当补偿、提倡友谊”；第三个关键是综合考虑移民生计，其原则是“四个结合”，即恢复与发展结合、当前与长远结合、治穷与致富结合、治标与治本结合。他提出要明确“一个目标”、做好“三个准备”。“一个目标”是：“10 月中旬动工，年前（指春节前）先盖一层，两年完成任务，力求配套完善”。“三个准备”是：各相关部门的前期准备，大烧砖瓦等建材的准备，“一通一平”的开工准备。凌成兴省长助理的讲话，思路清晰、条理分明，具有较强的指导性和可操作性。

1998 年 9 月 15 日～19 日，省长舒圣佑率省政府办公厅、水利厅、建设厅、农业厅、计委、社科院等部门的领导，分别深入到余干县、波阳县的受灾地区实地考察，走村串户，了解受灾群众的吃、住、医疗、卫生防疫等情况。他强调要“大灾大改、大改大治”，移民建镇工作必须做到“四个统一”，即“统一规划、统一设计、统一管理、统一供材”。

全省移民建镇工作会议后，凌成兴省长助理多次召集省计委、水利厅、建设厅等部门的分管领导开会，研究落实各项具体工作。一是明确由省水利厅尽快提出平退圩堤的计划，核定移民建镇范围；二是明确由省建设厅负责指导全省移民建镇的具体工作，包括规划、选址、设计、施工、质量监督、竣工验收，会同有关部门组织编制全省移民建镇实施方案；三是明确由省计委牵头向国家计委等部委汇报，争取补助资金，并会同省水利厅、建设厅尽快下达平垸行洪、退田还湖、移民建镇计划。要求其他职能部门按照分工共同抓好移民建镇工作。

1998 年 9 月 16 日，凌成兴省长助理率省水利厅、建设厅负责同志，深入永修、新建县调研平垸行洪、退田还湖、移民建镇工作，实地察看试点村镇的选址布点情况，现场慰问灾民。他要求相关领导统一思想，努力做好移民建镇工作，特别要下大力气抓好试点村镇建设，切实抓出成效，树立样板。在移民建镇工作中，要明确“两个态度”：一是千载难逢不错失机遇，二是说服引导不强迫命令。10 月中旬必须开工建设，一定要解决好灾民安全过冬问题。

省建设厅党组对移民建镇工作高度重视，多次召开会议进行研究部署。1998 年 9 月 18 日，江西省建设厅召开全厅系统副处级以上干部会议，传达中央和省委、省政府领导关于抓好移民建镇工作的指示精神，号召举全厅之力抓好移民建镇工作，有人出人，有钱出钱，有力出力。要求全厅干部一是思想要到位，想灾民之所想，急灾民之所急，帮灾民之所需；二是组织要到位，要尽快抽调政治素质好、奉献精神强的干部支援灾区，或从事移民建镇工作；三是工作要到位，要从讲政治的高度，切实履行好我们的职责。明确移民建镇工作由厅主要领导亲自抓，分管厅领导具体抓，日常工作由厅村镇建设处承担，并从厅机关处室及直属单位抽调了 10 多位干部具体从事移民建镇工作。

在省水利厅拿出平退圩堤的初步方案后，省建设厅立即召集南昌、九江、上饶三地（市）及 20 余个县（市、区）建设局分管领导开会，上报移民建镇计划，提出选址布点的初步意见。根据各地上报的计划和调查摸底情况，省建设厅迅速开展了以下几项工作：一是着手制定全省移民建镇实施方案，研究草拟移民建镇相关政策文件；二是汇总全省移民建镇安置点选址布点表，统计新建、改（扩）建集镇、中心村、基层村的数量及所在圩堤、安置移民人数与户数，并将移民建镇选址布点标在

1∶5万的地形图上；三是组织编印《江西省灾后重建移民建房通用设计图集》；四是向建设部汇报与沟通，组织省内外规划设计单位赴灾区县无偿帮助当地编制移民建镇点的村镇规划；五是编印《江西省灾后移民建镇工作简报》；六是完成省委、省政府领导交办的其他工作。

根据省委书记舒惠国的批示，省委组织部和省建设厅联合在省委党校分3期举办全省移民建镇县（区）长、乡（镇）长业务知识培训班，17名县（区）长、185名乡（镇）长免费参加了为期3天的培训。在1998年9月27日举办的第一期培训班上，省长助理凌成兴出席并讲话，对全省移民建镇工作进行动员、部署。他强调，要用中央精神统领规划，认真贯彻党中央、国务院"32字"指导方针，并将此作为灾后重建规划的指导思想和根本要求；要用科学的态度制定规划，在规划编制过程中，要注重恢复与发展结合，当前与长远结合，治穷与致富结合，治标与治本结合；要用务实的作风实施规划，规划制定后要尽快组织实施，确保灾后移民建镇工作落到实处。省委组织部、省建设厅的领导也分别讲话，对培训提出要求。培训班还聘请省内有关专家讲授了灾后重建村镇规划建设管理的相关业务知识。第二、三期培训班除将凌成兴省长助理在第一期培训班上的讲话书面印发给每位学员外，其他内容与第一期相同。

大规模的灾后移民建镇工作从调研到策划、部署，再到组织实施，像一座座大山，压得我们喘不过气来。省建设厅的工作尤其是村镇建设处的工作异常繁忙，大多数同志以饱满的热情积极投入到紧张而繁忙的工作之中，几乎每个人都得加班加点，自动放弃了节假日休息，晚上还要忙到深夜才能回家，但大家毫无怨言，而且工作效率大大提高。

通过自下而上、自上而下的努力工作，全省平垸行洪、退田还湖、移民建镇初步方案编制在较短的时间内完成，全省计划平退圩堤234座，安置移民46.75万人。其中平圩128座，退圩106座，还湖面积1255.38km^2，实施后鄱阳湖面积将由

3900km^{2}增加到5030km^2，基本恢复到1954年的水平。

这的确是一项宏大的生态工程！不仅对江西，而且对全国尤其是长江中下游地区都有着重大的现实意义和深远的历史意义。

1998年9月22日，省长舒圣佑主持召开会议，审议全省平垸行洪、退田还湖、移民建镇初步方案，研究赴国家计委、建设部、水利部等部委汇报等事宜。舒省长在会上强调，实施平垸行洪、退田还湖、移民建镇工程直接关系到湖区的长治久安、人民群众的安居乐业及我省经济社会的发展，一定要高度重视、精心组织，制定好实施方案，并尽最大努力争取国家的支持，各相关厅局领导要亲自带队并选派得力的技术干部赴京汇报，要全力做好向国家部委的汇报与沟通工作。

1998年9月23日，由省长助理凌成兴带队，省计委、建设厅、水利厅、土管局的分管领导及相关处室负责同志一行10余人乘飞机前往北京汇报，省政府驻京办事处积极配合。次日上午跑国家计委、水利部、国土资源部，下午跑建设部，建设部部长俞正声、副部长赵宝江、纪检组长郑坤生等领导专门听取了凌成兴省长助理代表省政府作的江西省关于退田还湖、移民建设工作汇报，对江西省前段时间所做的工作予以肯定，认为江西的工作做得细，领导高度重视，具体措施得力，同时对移民建镇的规划布点、设计施工、质量安全等问题提出了指导性意见。汇报会上凌成兴省长助理热情邀请俞部长等部领导多来江西指导移民建镇工作，俞部长爽快地答应了。

赴京汇报后，江西省的移民建镇工作思路得到了国家有关部门的充分肯定，我们工作的底气更足了，各项工作都在积极推进之中，新闻媒体的大肆宣传，基层干部的努力工作，灾区群众建房的积极性空前高涨，在国家有关文件尚未正式下达之际，有条件的地方已选好了移民建镇点，并开始平整场地了。

1998年10月5日～9日，建设部部长俞正声风尘仆仆来江西调研指导移民建镇工作，俞部长轻车简从，甚至连秘书都没带，仅指定正在我省永修县支援灾后重建规划编制工作的中国城市规划设计研究院副院长李兵弟随同。省委、省政府很重视俞部长这次专程来江西调研活动，省委书记舒惠国在南昌会见了俞部长，省长舒圣佑、副省长朱英培、省长助理凌成兴及省直有关部门的负责同志陪同调研，我作为工作人员也自始至终陪同。俞部长一行先后到余干、波阳、都昌等县，深入灾区拟建的移民建镇点调研，这年的中秋节是在余干县度过的。在波阳县珠湖乡珠北移民建镇点，俞部长来到了有近千名群众参加的平整场地现场，精神振奋，主动和当地干部群众握手，问这问那，大家异口同声感谢党、感谢政府，高度赞赏移民建镇政策。此时有一位老农提着半篮花生走到俞部长身边，要将花生送给他，表达灾区人民的一点心意，俞部长摆摆手没有收。现场调研结束后，省长舒圣佑在南昌主持召开了江西省移民建镇工作汇报会，会上省农业厅的领导向俞部长汇报如何发展水产养殖业解决移民生计问题，舒省长调侃地说："你们在俞部长面前谈水产养殖如同在关公面前耍大刀，俞部长在青岛当过市委书记，水产养殖业务比你们熟！"在听取省政府及有关部门的工作汇报后，俞部长在会上讲了话，他充分肯定江西省委、省政府对移民建镇工作的高度重视，指出通过调研发现，党中央、国务院"32字"指导方针已深入人心，灾区干部群众热情空前高涨，特别提到在工地上老农送花生一事让他非常感动。他要求江西在灾后重建过程中要注意两点：一是要尽早抓好规划，包括灾后重建规划、生态保护规划、经济发展规划等，要从长计议、反复论证；二是要认真实施村镇规划，严格执法，杜绝灾后重建中的杂乱无章现象。俞部长此次调研非常深入，白天到移民建镇点，走访灾区干部群众，晚上听汇报、看图纸材料。俞部长人也非常随和，和我们同吃同住同工作，没有半点部长的"架子"，几天下来连我这位不起眼的工作人员名字都能记住，亲切地喊我"小齐"。

俞部长一行回北京后，江西省又一次召开全省移民建镇工作会，除参会人员与第一次基本相同外，不同的是会开得更加务实了。会议明确了全省第一期平垸行洪、退田还湖、移民建镇任务，共计移民11.5万户、46.75万人，新建集镇37个、中心村150个、基层村856个，且将平退圩堤和移民建镇的任务落实到了每个县（市、区、场），其中波阳县最多，为31093户，其次为都昌县20438户，第三是余干县12215户。凌成兴省长助理在会上明确提出全省移民建镇应遵循“三统一分两严格”的原则，即统一组织规划设计，统一组织施工管理，统一组织建材供应；分户建设和结算；严格质量监督，严格资金管理。他同时要求各地抓住当前晴好天气，抓紧开工，让广大移民在春节前搬进新居住新房。

1998年10月13日，党的十五届三中全会通过了《关于农业和农村工作若干重大问题的决定》。10月20日，中共中央、国务院下发了《关于灾后重建、整治江湖、兴修水利的若干意见》，将“32字”指导方针写入了中央的正式文件中。此后省委、省政府下发了《关于灾后重建、根治水患的决定》，《决定》明确了全省平垸行洪、退田还湖、移民建镇的指导思想是：以党中央、国务院“32字”方针为指导，从江西实际出发，立足有利于社会的长治久安、人民群众的安居乐业，当前与长远结合，恢复与发展结合，治标与治本结合，治水与致富结合，把改革耕作、养殖制度同调整农业结构结合起来，顺应自然规律，尊重群众意愿，争取以有限的投入取得尽可能大的经济、社会和生态效益。《决定》要求从有利于防洪抗灾、有利于发展经济、有利于群众生产生活、有利于节约耕地和能源、有利于促进小城镇建设出发，坚持统一规划、远近结合、因地制宜、自力更生、量力而行、分步实施，确保灾民当年安全过冬，用两年时间完成第一批移民建镇任务。《决定》还出台了八项优惠政策：（1）因平垸行洪、退田还湖减少耕地的移民，按规定办理免征农业税手续；（2）新建村镇应尽量使用闲置土地，尽可能不占用农地。确需占用耕地的，可通过复垦原宅基地进行置换，冲抵造地费。需购买新迁址的农村集体经济组织的土地，按不高于省建设高速公路补偿的原则（即旱地每亩不超过2000元，水田每亩不超过3000元）给予补偿，属于平垸行洪、退田还湖的移民建房可免交耕地占用税、土地使用税、房产税及防洪保安基金、造地费；（3）移民建镇占用林地可按规定减免林木补偿费、林地补偿费、森林植被恢复费；（4）退耕还林、还牧、还渔等农业内部结构调整的，免征耕地占用税；（5）移民建镇中采石、采砂及制砖、制瓦所占用的矿产资源，免交矿产资源补偿费；（6）灾后新建村、镇免征市政公用设施配套费、建设工程质量监督费、规划设计费、工程勘察设计费、建筑行业上级管理费、招投标管理费；（7）移民建镇新建公路，交通部门每公里补助2万元，做油路、水泥路面时，按县乡公路标准给予补助。新建公路中的大、中型桥梁，按每延米2000元标准补助；（8）移民建镇（村）的电力增容贴费，原则上现有变电容量迁移的部分应予免收。

平垸行洪、退田还湖、移民建镇的大政方针确定后，国家有关部门迅速行动。1998年10月中旬，国家计委提前下达了第一批平垸行洪、退田还湖、移民建镇补助资金，江西省共计为4.9亿元。省政府结合实际明确了补助标准，分两类：一是平垸行洪圩堤内（双退）的移民，每户建房补助1.4万元；二是圩堤限高退田还湖（单退）的移民，每户建房补助1.1万元。另安排了每户3000元的基础设施建设补助资金，由县级人民政府统筹安排到各移民建镇点。此后国家计委又陆续下达了第二、第三批平垸行洪、退田还湖、移民建镇补助资金，全省第一期移民建镇补助资金总额达17.3亿元！水利部还在武汉召开会议专题部署湖北、湖南、江西、安徽四省平垸行洪、退田还湖工作。至此，大规模的平垸行洪、退田还湖、移民建镇工作在长江中下游四省拉开帷幕。其中江西的任务最重，占四省总和的49.4％。

第3章　全面启动

江西省移民建镇工作经过前期调查摸底、宣传动员后，湖区各级党政干部和广大移民群众的积极性空前高涨，除沿长江、鄱阳湖周边的波阳、都昌、余干、万年、九江、彭泽、共青城、湖口、星子、庐山、德安、永修、南昌、新建、进贤等县（区）外，地处信江流域的上饶、信州、弋阳、铅山、横峰等县（市、区）也纷纷挤入其中，加上桑海、红星、恒丰、大湖池等垦殖场，全省第一期移民建镇覆盖了南昌、九江、上饶三地（市）的24个县（市、区、场）、200多个乡镇。

全省移民建镇工作会议后，各地纷纷行动起来，打一场平垸行洪、退田还湖、移民建镇的人民战争！首先是确定湖区平垸行洪、退田还湖所涉及的圩堤，水利部门规定，凡是在1998年洪灾中决口或漫顶、有碍行洪的圩堤原则上列入平、退圩堤计划；其次是确定移民建镇范围，省政府规定，凡是列入平退圩堤计划内、湖口水位吴淞高程22m以下的村镇原农民居住点划为移民建镇范围；第三是确定移民建镇对象，凡是移民建镇范围内居住在湖口水位吴淞高程22m以下住房被水淹的农民（或农工）均可列为移民对象，其确定方法为：由所在县、乡、村干部组成工作组，深入各村镇调查摸底，测量水位，察看受灾水位线，确认后逐户登记造册，填写《五联单》（即江西省灾后移民建房审批表）一式五份，逐级报县级人民政府批准后，分别由灾民、村、乡、县各留存一份，报省备案一份；第四是选定移民建镇点，要求新的移民建镇地址必须选在湖口水位吴淞高程23m以上，尽可能选在荒山荒坡上，不占或少占良田；第五是组织规划设计，由建设部门组织省内外规划设计单位的千余名规划设计人员赶赴灾区，为新的移民建镇点无偿编制村镇规划；第六是组织建材供应，特别是红砖，指导移民建镇范围内的砖厂开足马力生产，并做好调度工作，确保红砖供应；第七是组织开展征地及“三通一平”等前期工作，争取早日开工建房。

在建设部的大力支持下，清华大学、同济大学、东南大学、中国城市规划设计研究院等单位派出了近千名规划设计人员赶赴灾区，无偿帮助江西省编制灾后移民建镇村镇规划；省建设厅也组织了省内规划设计单位的千余名规划设计人员深入受灾县、乡、村，无偿帮助当地编制移民建镇规划；号称为“双千行动”。这些规划设计人员吃住在乡村，自带电脑等设备，怀着对灾区人民深厚的感情废寝忘食、夜以继日地工作，在较短的时间里完成了一个又一个质量较高的移民建镇点的村镇规划，为全面实施移民建镇工程描绘了美好蓝图。其中由中国城市规划设计研究院副院长李兵弟带领的规划设计队伍进驻永修县立新乡，他们头顶烈日、脚踩荆棘，自带干粮、矿泉水，跑遍了全乡几十平方公里的土地，帮助县、乡选定移民建镇点，高质量完成了立新集镇、黄婆井、南岸、门前山等一批中心村和基层村的规划，为江西移民建镇的尽快实施立下了汗马功劳。

与此同时，省建设厅组织省内数十家建筑设计院精心编制了20多种户型的《江西省灾后重建移民建房通用设计图集》，并印刷了5000册无偿分发到灾区各乡镇，供移民建房选用。这批设计图纸本着经济、适用、安全、美观的原则，其面积、造价等严格控制在国家和省规定的范围内，深受移民建房户的欢迎。我省绝大多数移民建房都是按照这套图纸施工的。

为帮助灾区恢复生产、抓好灾后重建工作，江西省委、省政府决定，从省、市、县抽调万名机关干部组成工作组，脱产3个月，深入受灾较严重的乡镇，协助当地政府抓好灾后重建工作。省建设厅积极响应省委、省政府号召，迅速抽调了10多名机关干部，由一位副厅长带队，深入到永修县吴城镇工作，他们吃住在乡镇、村，走村串户，和当地干部群众打成一片，帮助实施灾后重建项目，协助开展移民建镇前期工作。吴城是当地有名的血吸虫病重灾区，工作组的个别同志一不小心被感染上了血吸虫病，身体受到伤害。省建设厅主要领导还亲自带队，赴永修县立新乡调研指导移民建镇工作。

有移民建镇任务的县（市、区、场）是全省移民建镇的主战场，从县委、县政府到乡镇党委、政府，再到村委会、村民小组，各有关部门、各级干部的积极性都得到了充分调动，全身心投入灾后重建、移民建镇工作之中。首先是吃透上级移民建镇政策，实地评估灾情，确定当地需要平、退的圩堤，组织工作组进村入户调查摸底，宣讲移民建镇政策，做好宣传发动工作；其次是按照省里制定的政策逐户确定移民对象，组织填写《五联单》并逐级审核上报，造册登记；第三是在充分征求移民意见的基础上，提出移民建镇选址布点方案，配合规划设计人员编制移民建镇点规划并按程序报批；第四是组织开展征地补偿工作，尽可能使用荒山荒坡地和村庄内的空闲土地，对涉及相邻乡村的土地由政府出面实行“以地换地、统一调剂、适当补偿、提倡友谊”，在不改变集体土地性质的前提下尽快落实移民建镇点的建设用地，并按规定的程序报批。省土地管理局为此出台了支持移民建镇用地的相关优惠政策，各地土管部门认真落实，为移民早日开工建房“开绿灯”；第五是组织开展“一通一平”，“一通”即通路，“一平”即平整场地，由乡村干部组织当地村民或施工队伍打通移民建镇点的施工道路，平整宅基地，因地制宜，依山就势，努力做到“不推山、不填塘、不砍树”；第六是合理分配宅基地，按规划划定宅基地并合理分配到各移民建房户（通过协商或抽签形式），面积控制在120～200m^2之内；第七是组织移民开工建房，这也是一项艰苦细致的工作，总的原则是要求移民分户建房，不搞统包统建，许多移民户主要劳力外出打工，无能力自主建房，有的困难户家庭无钱建房，有的不懂技术不会建房，乡村干部要针对每家每户的具体实际指导、帮助移民开工建房，实现“年前先盖一层”

的目标；第八是组织建材供应，大规模的移民建镇工程开工后，各地的红砖、钢材、水泥、木材等主要建材供应普遍紧张、价格上涨，如何平抑物价、保障建材供应是当地政府必须解决的现实问题。有的地方为此曾出现偏差，统一购买建材，然后发建材票给建房户，冲抵补助资金，引发移民户的不满，省里发现苗头后及时进行了制止，明确要求各级政府组织建材供应而不是包销建材，要求各砖瓦厂开足马力生产红砖，并从没有移民建镇任务的邻县、乡外调红砖，从而缓解了建材供应紧张的矛盾；第九是组织施工和结算，省里强调移民建房必须分户进行建设和结算，不能搞“统包统建”，并要求10月中旬开工，时间紧任务重，施工组织难度也非常大。在当地党委、政府的组织下，各级建设部门发挥了主力军作用，抽调了大量工程技术人员深入各移民建镇点指导灾民建房，从挖地基开始到基础、主体、楼面等关键部位，严把工程质量关，发现质量问题及时提醒建房户自行纠正，从而保障了建房质量，总体上未出现较大的质量问题。为鼓励移民加快建房进度，各地严格按省里的规定发放移民建房补助资金，一般是打完地基基础后先发30%，盖完一层再发40%，竣工验收后将剩余的30%补助资金全额发放到移民建房户手中，这样做不仅大大调动了移民建房的积极性，而且基本保障了资金的使用安全；第十是组织基础设施建设，考虑到移民建镇点绝大多数为新建村镇，水、电、路等基础设施几乎是一片空白，国家和省规定每户安排3000元基础设施建设补助资金，由当地政府统一掌握，用于移民建镇点水、电、路、通讯、绿化、环卫等基础设施建设。这项任务担子也不轻，设计、招标、施工、质监、监理、验收、结算等各个环节都要落实到人，来不得半点马虎，除国家补助资金外，仍需地方财政配套和社会捐助、个人投工投劳。如此复杂的环节要在较短时间内完成，且不出差错，工作量是巨大的，所有的移民建镇点都凝聚了广大基层干部的无数心血！

广大移民群众是移民建镇的主体。地处沿长江、鄱阳湖区饱受水患之苦的农民天天期盼能住上不受水淹的新房，过上安居乐业的日子。水灾无情人有情，有党和政府的关心、社会各界的资助、广大基层干部的努力，再通过自己勤劳的双手，艰苦奋斗、重建家园，美好的愿望一定能早日实现。在移民建镇之初，湖区广大灾民的心情是复杂的，无家可归、有家难回，巴不得早点退水，回到家中过上正常生活。听说政府补助资金建房，许多灾民半信半疑，至于怎么补助、怎么建、有何优惠政策等更是道听途说，心中无数。通过广大干部深入滨湖地区开展“三个宣传”（宣传中央领导对灾区人民的亲切关怀，宣传“32 字”指导方针，宣传省委省政府的移民建镇优惠政策）、讲清“两个态度”（千载难逢的机遇不要错过、说服引导不搞强迫命令），让广大移民打消了思想顾虑，迸发出极大的重建家园热情，绝大多数移民积极响应党和政府的号召，在当地政府的组织下按规划建新房、拆旧房，实施移民建镇。也有两种积极性不高的情况：一种是原住房条件较好的，虽在此次洪灾中受淹，但仍存在侥幸心理，认为不会年年受淹、拆除“新房”建新房实在可惜，不愿意移民建镇；另一种是家庭生活困难户，即使享受政府的建房补助也无能力建起新房，想移民而又不敢移。还有部分灾民持观望态度。针对上述情况，乡村干部们主动上门做工作，动之以情、晓之以理，和大家分析利弊：洪灾虽不是年年有，但难保十年无；全村人大多数都搬走了，剩下几户不搬会带来生活的不便；能享受政府的建房补助，再加上“亲帮亲、邻帮邻”，在村民的帮助下一定能先盖好一层住宅，从而彻底摆脱水患之苦，过上幸福生活……榜样的力量是无穷的，村干部带头填写《五联单》、带头平整宅基地、带头开工建新房、带头动手拆除旧房，一传十、十传百，整村整镇甚至整县都动员起来，形成了气势磅礴的移民建镇氛围。

在对全省移民建镇工作作出全面部署后，要使该项工作快速启动、全面推开，关键是要抓好督导与落实。

省委、省政府领导亲力亲为，省委书记舒惠国多次就全省灾后重建、移民建镇工作作出指示，要求各级党委、政府将此作为一项中心工作来抓，务必抓出成效。省长舒圣佑多次率领省直有关部门的负责同志深入移民建镇点调研，亲自参加全省移民建镇工作会议并讲话。

全省移民建镇工作全面启动后，10 月 23 日省政府再次召开高规格的全省移民建镇工作会议，会议由副省长孙用和主持。省长舒圣佑在讲话中强调，要“坚持一个根本、增强两个责任、抓好三个环节、做到四个防止”，即坚持立足自力更生、艰苦奋斗这个根本；增强高度的政治责任和严肃的历史责任；抓好政治思想工作、安居乐业长治久安、科学规划高质量建设这三个环节；做到防止腐败、防止浪费、防止弄虚作假、防止贪污挪用专项资金。常务副省长黄智权在讲话中进一步明确了全省退田还湖、移民建镇任务和相关政策，要求各地加强领导、科学决策、齐心协力，把平垸行洪退田还湖移民建镇这件造福灾区群众、利及子孙后代的大事办好。省长助理凌成兴在讲话中要求各地“抓好三个落实、掀起一个高潮”：一是抓好实施方案的落实，实施方案要落实到户、移民对象落实到户、宅基地分配到户、房屋设计选型落实到户、资金补助分配到户；二是抓好优惠政策的落实，概括起来是“一笔补助资金、八项优惠政策”，要尽快宣传落实到位，省直有关部门要各司其职，主动服务，不打折扣，兑现到位；三是抓好组织机构的落实，要求各地成立平垸行洪、退田还湖、移民建镇工作领导小组，抽调专人组成办公室，办公室原则上设在建设部门，对口管理、联合办公、讲究程序、提高效率，高节奏地开展好工作。要按照“10 月中旬开工、年前先盖一层、两年完成任务、力求配套完善”的总目标，狠抓落实，迅速掀起移民建镇的施工高潮。会议拟定于 1998 年 11 月底召开全省移民建镇工作现场会，交流灾后重建经验。

这次会议结束后，移民建镇迅速在南昌、九江、上饶三个地（市）掀起高潮。各有关县、市、区、场纷纷传达贯彻全省移民建镇工作会议精神，大力宣传党中央、国务院“32 字”指导方针和省委、省政府关于平垸行洪退田还湖移民建镇的优惠政策，广泛发动湖区广大干部群众，打一场旷日持久的移民建镇攻坚战！

全省移民建镇任务最重的波阳县行动迅速，县委、县政府多次召开党政联席会议，专题研究平垸行洪、退田还湖、移民建镇工作，通过调查摸底，全县拟定平退圩堤 80 座、移民 305060 人，其中第一期计划安排平退圩堤 41 座，移民 132156 人、32062 户，涉及 19 个乡镇，确定新建集镇 12 个、中心村 32 个、基层村 180 个。县委、县政府成立了以县长为指挥长的波阳县移民建镇指挥部，9 位县四套班子成员任副指挥长，县直相关部门的主要领导为指挥部成员，并抽调了多名工作人员集中办公，组织实施全县移民建镇工程。经过紧张的前期工作，大多数移民建镇点按时开工建房，一时间全县广大农村机器轰鸣，仿佛成了一个大工地。

都昌、余干、永修、星子、湖口、庐山等县（区）也不例外，纷纷成立了移民建镇领导和工作机构，审定了全县移民建镇实施方案，组织开展移民建镇点的选址、规划设计、落实移民对象、平整场地、分配宅基地等工作，移民建房陆续开工，到处是一派热火朝天的移民建镇景象。

为深入了解和督导全省移民建镇工作，省长助理凌成兴率领省直有关部门的负责同志马不停蹄地往有移民建镇任务的县、乡、村跑。在永修县，凌成兴省长助理一行深入立新乡门前山、黄婆井、杜家山等移民建镇点，在肯定该县移民建镇工作的同时，要求当地政府切实抓好示范点的建设，在全省移民建镇工作中起示范带动作用。在星子县，凌成兴省长助理对该县移民建房宅基地全部落实到户给予了表扬，强调要分户建设和结算，不能搞统包统建。在德安县、共青城，凌成兴省长助理深入木环、宝塔、江义等乡镇的移民建镇点，对某些基层干部作风不实、移民建房进度缓慢等进行了批评。在南昌县，凌成兴省长助理一行提出要到移民建镇任务最重的塔城乡水岚洲去看看，当地干部借口路不通、不方便去，凌成兴省长助理坚定地说，就是坐船、坐拖拉机也得去！见省领导动了真格，当地干部只好硬着头皮带路前往水岚洲。水岚洲地处青岚湖，三面环水，灾情严重，道路泥泞，几经周折，凌成兴一行好不容易到了洲上，但看不到移民建房的场面，只看见在一些小山丘上插了几面彩旗，并汇报说这就是移民建镇点，凌成兴一看火了，当场拉下脸来对县、乡干部提出严厉批评。凌成兴省长助理还深入到移民建镇任务最重的波阳、都昌、余干县调研督导，既肯定他们所取得的成绩，也指出存在的问题。通过这一轮现场调研督导，凌成兴省长助理对全省各地移民建镇前一阶段的工作做到了心中有数。

凌成兴省长助理将本轮现场调研督导的情况向省委、省政府主要领导作了汇报，引起了省委、省政府领导的高度重视。1998年12月4日，省政府办公厅下发了《关于加快移民建镇工作进度的紧急通知》，指出：自全省全面开展灾后移民建镇工作以来，多数地（市）和县（区）政府极为重视，把这项工作作为一项严肃的政治任务和为民办实事的民心工程、造福工程来抓，行动迅速。特别是星子、都昌、余干、湖口、庐山等县（区），领导非常重视，组织机构健全，宣传动员到位，实施方案落实，工作思路对头，建房进度较快。但也有少部分县，对灾后移民建镇工作没有引起足够重视，工作进展缓慢。有的地方争指标、争补助资金积极，在争取到补助资金后却想打退堂鼓，对实施“年前先盖一层”的目标产生了动摇，尤其是对计划内需要迁出湖区的非倒房户的移民建房工作缺乏紧迫感，有的移民对象尚未确定，宅基地迟迟未落实到户；有的地方未执行“三统一分两严格”的原则，由县、乡政府统包代建；有的地方资金转拨严重滞缓；有的地方负责移民建镇的干部工作作风不实，没有深入基层做过细的群众工作，对本地的移民建镇工作心中无数。如万年、横峰、进贤、南昌等县，截至1998年

11月底基本没有动工，甚至连“一通一平”工作都没有展开。这些问题和现象虽只发生在少数地方，但必须引起高度重视。《通知》还对当前的灾后移民建镇工作强调了“三个不能动摇”：一是落实全省平垸行洪、退田还湖、移民建镇的总盘子不能动摇；二是实现“年前先盖一层”的目标不能动摇；三是坚持“三统一分两严格”的原则不能动摇。《通知》要求各地要进一步增强政治责任感和历史责任感，本着对人民负责、对历史负责、对上级负责的态度，高度重视灾后移民建镇工作，切实落实工作措施，确保移民建镇任务的完成。各有关部门要把这项工作作为一件大事来抓，各司其职，各负其责，密切配合做好工作。

紧接着，省政府于1998年12月10日～11日在星子县召开全省移民建镇工作现场会，全省有关地、市、县（区）政府的分管领导及移民建镇办的负责同志、省直有关部门的负责同志共150多人参加了会议。与会代表们参观了星子县的移民建房点，星子、都昌、余干、永修、湖口、庐山等县（区）介绍了经验，南昌、九江、上饶三地（市）和省直有关部门的负责同志发了言，凌成兴省长助理在会上讲话，他指出：这次会议既是现场会，也是交账会，省委书记舒惠国、省长舒圣佑对移民建镇工作高度重视，多次就此作出批示。按照“十月中旬动工、年前先盖一层”的目标，现在应该初步交账了。星子县的四条经验要很好推广，一是领导重视在于明确职责；二是工作扎实敢于突破难题；三是思路对头善于抓住根本；四是政策兑现勇于创造特色。对下一步工作，他要求认清“两个估价”：全省移民建镇开局很好但形势不容乐观，有的地方在总盘子上打退堂鼓，只想要钱，不想办事；有的地方工作安排滞后；有的地方组织施工队伍统建代办；有的地方资金拨付严重滞缓；有的基层领导工作作风飘浮不实。他重申坚持“三个不动摇”：即落实移民建镇的总盘子不动摇，实现“年前先盖一层”的目标不动摇，坚持“三统一分两严格”的原则不动摇。他强调要抓好

“五个进一步”：一是进一步宣传动员，打牢工作基础；二是进一步加强领导，抓住移民建镇的关键；三是进一步分户建设，把握移民建镇根本；四是进一步实行动态管理，用好移民建镇“绝招”；五是进一步严明纪律，惩治移民建镇中的腐败行为。要举全省之力，打好今冬明春移民建镇攻坚战。

省政府的紧急通知、现场会及省领导的尖锐批评和明确要求，对全省从事移民建镇工作的同志触动很大，会后各地认真传达贯彻，以只争朝夕的精神全身心地投入规模浩大的移民建镇工程中。被省政府点名批评的南昌、进贤、万年、横峰等县奋起直追，纷纷调整和充实了移民建镇领导及工作机构，县委、县政府主要领导亲自过问移民建镇工作，有移民建镇任务的乡镇、村干部齐动员，通过夜以继日的紧张工作，移民建房全面铺开。时任省政府分管副秘书长的余欣荣同志有一次要我单独陪同他去南昌县塔城乡水岚洲移民建镇点调研，亲身感受到了工地上热火朝天的建房场面，余欣荣副秘书长当场对南昌县移民建镇工作后来居上提出了表扬。加上中央的移民建镇补助资金及时到位，省里的八条优惠政策条条得到落实，全省移民建镇工作快马加鞭。到 1998 年 12 月中旬，全省第一期移民建镇共计 11.5 万户、46.75 万人的移民建房全部开工，其中 2614 户已盖好一层。

为切实抓好全省移民建镇工作，1998 年 12 月 29 日，省政府办公厅下发了《关于成立江西省移民建镇工作指挥部的通知》，决定成立以凌成兴省长助理为总指挥长、省政府副秘书长、省计委主任、省水利厅厅长、省建设厅党组书记为副总指挥长、省直有关部门负责同志为成员的江西省移民建镇工作指挥部，指挥部办公室设在省建设厅，省政府副秘书长和省建设厅分管领导分别兼任办公室主任和常务副主任，办公室组成人员以省建设厅为主，另从省计委、省水利厅、省财政厅、省土管局适当抽调人员集中办公。省财政还一次性安排了 400 万元移民建镇工作经费，经省政府办公厅核编为省移民建镇办配备了一台“猎豹”牌越野新车，后在机构改革中省编办又给省建设厅移民建镇办增加了8名编制。各有关地（市）、县（区）也进一步建立健全了移民建镇领导和管理机构，从机构、人员、工作经费等方面保障了移民建镇工作的顺利进行。

在第一期移民建镇初见成效之际，1999年10月，国家有关部门紧接着部署了第二期移民建镇工作，共安排江西省平退圩堤54座，分蓄洪区1处，堤外滩地51处，移民13.29万人、3.1万户，中央补助资金5.27亿元，涉及南昌、进贤、新建、波阳、余干、都昌、九江、彭泽、湖口、瑞昌、星子、永修、德安、恒湖等14个县（市、区、场）、67个乡镇，其中瑞昌市和恒湖垦殖场为新增的移民建镇市（场）。

2000年12月，国家有关部门又安排了第三期移民建镇任务，江西省共平退圩堤96座，移民15.08万人、3.7万户，中央补助资金6.29亿元，涉及进贤、新建、波阳、余干、铅山、弋阳、都昌、九江、彭泽、湖口、星子、永修、德安、庐山等14个县（区）、67个乡镇。

2001年9月，国家有关部门最后一批安排了第四期移民建镇任务，我省共平退圩堤132座，堤外滩地31处，移民15.71万人、3.8万户，中央补助资金6.46亿元，涉及南昌、进贤、新建、波阳、余干、铅山、弋阳、万年、都昌、九江、彭泽、湖口、星子、永修、瑞昌、庐山等16个县（市、区）、102个乡镇。

1998～2001年，国家共分四期下达了平垸行洪、退田还湖、移民建镇任务，共安排江西省双退圩堤246座，单退圩堤270座，堤外滩地82处，分蓄洪区1处，移民90.82万人、22.1万户，国家补助资金36.7亿元，涉及沿长江鄱阳湖地区的27个县（市、区、场）、241个乡镇。移民户数和补助资金约占湖北、湖南、江西、安徽四省总和的35.5%。截至2001年年底，江西省第1～4期移民建镇全面启动，其中第1、2期已基本完成移民建房任务。

第 4 章　试点示范

大规模的移民建镇在江西乃至全国都是史无前例的，没有现成的经验做法可借鉴。江西省第一期移民建镇涉及三地（市）、24 个县（市、区、场）、200 多个乡镇、1000 多个移民建镇点，近 50 万人的大移民，要组织实施好这一声势浩大的民心工程，必须抓好试点示范，以典型引路。

早在移民建镇之初，省移民建镇工作指挥部就按照省委、省政府领导的指示，下发了《江西省移民建镇示范村镇建设指导意见》。

《意见》明确了开展示范村镇建设的目的意义，即通过移民建镇示范村镇建设，在江西省沿长江、鄱阳湖等受灾地区建设一批规划布局合理、房屋设计新颖、基础设施配套、具有地方特色的新型村镇，推动移民建镇工作健康发展，树立重建家园良好形象，为促进灾区经济社会全面进步，建设繁荣、昌盛、文明的跨世纪社会主义新农村做出贡献。主要原则有：立足当前、着眼长远；利于生产、方便生活；统一规划、配套建设；因地制宜、力求特色；优化环境、保护耕地；经济适用、保证质量。统一组织规划设计、统一组织建材服务、统一组织施工队伍；分户建设和结算；严格资金管理、严格质量监督。

《意见》对示范村镇建设标准提出了五个方面的要求：

在规划选址方面：坚持合理用地、节约用地、保护耕地，提高土地利用率的原则，尽量多利用坡地、荒地、废弃地和非耕地，尽可能不用或少用耕地、林地和牧地。村镇选址应避开山洪、风口、滑坡、泥石流、地震断裂带、洪水淹没等自然灾害影响的地段，地形标高在湖口水位（吴淞高程）23m 以上，有充足的水源，水质良好，便于生活污水排放，有良好的通风、采光条件，并不被铁路、重要公路和高压电线所穿越。

在规划布局和设计方面：规划应考虑近期建设与远期发展相结合，体现可持续发展的战略思想。规划各项用地功能明确，布局合理，有机联系，有利于生产、方便生活。规划布局注意与地形地貌的有机结合，尽量减少土石方工程量，尽可能保护和合理利用用地范围内既有河流、水面、树木植被等自然山水的良好环境，以利于保护和改善生态环境。规划用地布局紧凑、合理，空间布局疏密有致，高低错落，富有层次，并集中在公路一侧成片建设，不沿公路两侧布局。住宅的朝向、间距应满足日照、通风、消防、防震、管线埋设、避免视线干扰等要求，日照间距原则上不小于1.0，住宅以南北向布置为主。村镇公共服务设施的配置与人口的规模相适应，公共服务设施规划布局应根据不同使用性质和规划布局的特点采取相对集中与分散相结合方式合理布局。村镇道路系统应功能明确，符合村镇的交通特点和使用要求。村镇道路规划可分为三级，主干道不小于16m，次干道不小于8m，支路不小于3.5m。

在规划建设标准方面：对集镇要求每户宅基地控制在120～180m^2，人均建设用地控制在80～100m^2；住宅应以2～3层楼房砖混结构为主，砖木结构为辅；原则上应有学校、医院、集贸市场、行政办公、文化娱乐、商贸服务、敬老院等公建配套设施；道路应通达到户，道路硬化率不低于60%，并尽可能设置中心广场；宜采用集中供水，供水普及率达80%以上；排水设施较完善，供电、通信线路至每户，建有水冲式公共厕所和垃圾站，人均公共绿地2～6m^2，绿地率大于25%。对村庄要求每户宅基地控制在130～200m^2，人均建设用地控制在70～90m^2；住宅应以2～3层楼房砖混结构为主，砖木结构为辅；原则上应有小学、卫生所、村委会、文化活动场所；道路应通达到户，道路硬化率不低于40%；饮用安全卫生水农户比例达90%以上；供电、通信线路至每户，建有公共厕所和垃圾收集点，人均公共绿地2～4m^2，绿地率大于20%。

在建筑设计方面：住宅设计采用新结构、新技术、新材料、新设备，并合理安排各功能行为空间，做到食寝分离、主附房分离；应有独立的厨房、卫生间，通风、采光良好；住宅立面设计丰富，风格协调，色彩和谐。集镇商业街应通过规划设计，逐步建成有特色的绿化街道，并注重沿街的天际线处理，沿街建筑立面风格明显，色彩丰富，绿化、小品等景观设计具有特色；临街主立面宜用涂料或石灰、水泥砂浆粉刷、清水砖（石）砌体勾缝等进行装修。各项公共建筑面积符合有关规范、标准的规定，平面布置功能合理，空间体型、立面设计与环境协调，经济、实用、有特色；重视对公共建筑室外空间的环境设计，合理配置雕塑、园林、绿化小品及室外停车场、公厕等设施。

在管理方面：村镇各项建设活动纳入村镇建设管理部门的统一管理；在村镇公共场所摆摊设点或设置广告栏、标语牌等设施，应在村镇建设管理部门指定的地点；村镇应建立公共卫生制度，环卫设施完好，有专人负责环境卫生，垃圾日产日清；绿化管理及养护措施落实，绿化种植和设施的完好率达 90%以上。

《意见》明确了抓好移民建镇示范点的配套政策，即实行“两优先一倾斜”：补助资金到位优先、八项优惠政策落实优先；基础设施配套资金适度倾斜。省里从基础设施建设补助资金中调剂了 600 万元下达给 31 个移民建镇示范点，平均每个集镇 30 万元，村庄 10 万元。此外，有移民建镇任务的县也安排了部分资金扶持示范点的建设。

如何抓好移民建镇示范点建设的组织实施？《意见》明确：创建移民建镇示范村镇按照先培育建设、后验收命名的程序进行。要求示范村镇培育点应具备以下基本条件：经济基础较好，交通比较方便，有一定辐射作用，干部、群众积极性高的集镇或中心村。示范点申报程序：由县（市、区、场）移民建镇工作指挥部拟定培育点，填报《江西省移民建镇示范村镇申报表》，经地（市）移民建镇工作指挥部审核推荐后报省移民建镇工作指挥部审定。要求每个县（市、区、场）报 1～2 个培育点，其中移民 1 万户以上的县不得超过 4 个。培育点确定后，市、县移民建镇工作指挥部要加强指导与调度，确保按建设标准进行建设。省移民建镇工作指挥部将不定期对示范村镇培育点的建设情况进行检查督促，待基本建成后组织检查验收、评选命名。

《通知》还要求各地加强组织领导，各级移民建镇工作指挥部主要领导要亲自抓这项工作，并指定专人具体负责，协调有关工作的组织实施；各示范村镇培育点要成立专门班子负责创建工作，按照示范村镇建设标准和工作要求，落实项目建设责任人，排出完成时间表，狠抓各项工作落实。要进行重点扶持指导，各地在省委、省政府出台的八项优惠政策的基础上，对示范村镇建设要在政策、资金上予以倾斜；县级移民建镇工作机构或建设局要派业务骨干对示范村镇培育点的规划实施、移民建房、基础设施建设、村容镇貌管理等进行驻点指导，各有关行业管理部门也要重点予以支持。要制定实施方案，各示范村镇培育点要在县级移民建镇工作指挥部的协助下，制定创建示范村镇工作实施方案，内容包括建设目标、工作措施、实施步骤等，并认真组织实施，实施方案报省、地（市）移民建镇工作指挥部备案。要实行规范管理，各示范村镇培育点创建工作应规范化、制度化，制定示范村镇建设管理办法和精神文明建设公约（或村规民约），引导干部群众积极参加创建活动，自觉遵守各项管理规定，形成上下共同努力的良好环境，保证创建工作顺利进行。要严格工作责任，各示范村镇培育点要与县级移民建镇工作指挥部签订创建工作责任状，明确要求和奖罚措施；各级移民建镇工作指挥部和有关行业管理部门要按各自职责对示范村镇建设负责。

《通知》下发后各地迅速行动，落实最快的要数永修、星子、波阳、都昌、余干等县。永修县的移民建镇点离省会南昌较近，又是省建设厅的对口联系点，该县首选位于昌九高速公路两旁的立新乡黄婆井、门前山、南岸移民建镇点作为示范村镇培育点，并精心编制了示范点的规划，严格按规划组织移民建房，配套建设基础设施，其中门前山村还得到了共青团江西省委100万元的资金支持，极大地调动了当地移民建房的积极性。这些示范点不仅在较短的时间里将多数移民建房盖至两层，而且道路、自来水、供电、绿化、环卫等设施建设也逐步跟上，有的还配套建设了村小学、村委会、医务室、幼儿园等。省直有关部门对移民建镇示范点的支持力度也挺大，省交通厅专门召开了移民建镇示范点外接公路建设会议，为示范点的公路建设安排了专项补助资金，并要求有关县级交通部门认真组织实施。按照省领导的要求，省交通厅还特批在昌九高速公路永修段开了一个便道，为日后中央领导视察移民建镇点做准备。省教育厅在安排全省移民建镇点建学校的补助资金中，优先安排给示范村镇小学的建设。省电力局下文要求各供电局优先组织实施移民建镇示范点的农网改造项目。省建设厅在村镇规划、建制镇自来水设施补助资金中优先安排移民建镇示范点。各有关部门通力合作，给移民建镇示范点的建设增添了活力。

波阳县游城乡朗埠集镇地处鄱阳湖畔，新镇区面积近40hm^2，共有600多户移民建房，创建示范点难度较大。县、乡、村干部高度重视，选派得力干部驻村镇工作，从规划设计开始高标准严要求，加大对移民建房的指导力度。村委会还从集体公共资金中挤出40余万元，补贴移民平整宅基地、通路、通水、通电，村干部带头移民建房，积极争取上级有关部门的补助资金和技术、政策支持，一时间工地上人声鼎沸、机器轰鸣，好一派热火朝天的场面！在加快移民建房的同时，镇区道路、自来水、供电、小学、幼儿园、卫生院、集贸市场等设施同步建设，在短短一年多时间里，一座规划科学、布局合理、设计新颖、设施配套、具有地方特色的灾后移民建镇新镇基本建成，移民乔迁新居，过上了幸福生活。朗埠等示范村镇的建设，带动和促进了波阳全县3万余户的移民建镇工作。一位名叫卢邦焱的老农自编了一首打油诗表达对党和政府的感激之情：“政府好比天上的太阳照四方，干部就像晚上的月亮闪银光，移民建镇气势大，朗埠集镇大变样”。

江西省委、省政府领导高度重视移民建镇示范点的建设。孟建柱、舒惠国、舒圣佑、黄智权、钟启煌、彭宏松、冯金茂、孙用和、朱英培、凌成兴等省领导多次亲临示范点调研考察，并就抓好移民建镇工作作出具体指示。省移民建镇工作指挥部多次召开全省移民建镇现场会，组织参观移民建镇示范点，以此来推动面上的工作。省长助理凌成兴为指导移民建镇示范点的建设可谓是呕心沥血，曾数十次深入移民建镇示范点调研督导，提出具体工作要求，帮助解决实际问题，以利于更好地发挥示范带动作用。

经过自下而上的申报评选，1999年11月，省移民建镇办下发了《关于抓好全省移民建镇示范点建设的通知》，决定在全省19个县（区、场）选择12个集镇、19个村庄作为全省移民建镇示范点。具体名单如下：

南昌县：湖陂集镇、北洲中心村

新建县：观嘴集镇、黄堂中心村

进贤县：涂家中心村

庐山区：姑塘集镇

九江县：城门集镇、涌塘中心村

都昌县：大树集镇、周溪集镇、南坂中心村

湖口县：海山中心村

永修县：杜家山集镇、黄婆井中心村、沿昌九高速路一线

德安县：上畈中心村

彭泽县：亭子坎中心村

星子县：观音桥中心村、钱湖中心村

省农垦：金山中心村

波阳县：四望湖集镇、朗埠集镇、松山中心村

余干县：龙津集镇、邹家中心村

万年县：马塘集镇

横峰县：山脚里中心村

铅山县：傍罗集镇、龙角湖中心村

上饶县：西湖中心村

弋阳县：栗塘中心村

通过示范点的培育建设，给全省移民建镇工程树立了榜样，并总结出了许多可复制的经验，有力地带动了全省大规模的移民建镇工作，促进了当地经济与社会的发展。

江西移民建镇示范点的建设同样得到了党中央、国务院的肯定。2001 年 6 月 2 日，江泽民总书记在江西省视察工作期间，专程从昌九高速公路永修段的便道下车步行，然后转车前往灾后移民建镇示范点永修县立新乡黄婆井中心村视察，住进新村的村民满脸喜悦涌到村头欢迎总书记的到来，感谢党和政府的关心。江泽民总书记十分高兴来到村民家中，与他们亲切交谈，并到村小学和老师及孩子们一起弹钢琴，给广大移民留下了历史的美好记忆。江泽民总书记表示，只要我们始终关心群众，切实帮助群众解决生产和生活中遇到的困难，就一定能够得到人民群众的衷心拥护和支持，也就一定能够带领群众创造出新的业绩。

2002 年 6 月 10 日，朱镕基总理率国家有关部委的负责同志也来到了永修县立新乡南岸中心村考察，他饶有兴致地观看了南岸中心村规划示意图和建设简介，仔细向当地干部群众询问灾后重建情况，还到村民邹新华、邹杨根家中察看了自来水、厨房、卫生间等设施，对示范点的建设以及江西省移民建镇工作表示满意。

此外，国务院副总理温家宝、回良玉，国家计委主任曾培炎、副主任刘江，建设部部长汪光焘、副部长傅雯娟，财政部部长项怀诚，水利部部长汪恕诚，民政部副部长范宝俊等中央和有关部委领导也都曾到过江西的移民建镇示范点考察或调研，极大地鼓舞了灾区广大移民和移民建镇工作者的斗志！

国际组织的官员也非常关心江西的灾后重建工作。1998 年 11 月，联合国人居中心的专家一行 3 人在建设部有关专家的陪同下，专程来江西省考察灾后重建工作。专家们深入基层到新建、星子、永修等县实地了解灾情，还到了刚建成的、由上海市人民政府捐赠的 40 套采用稻草板等新型建筑材料建成的移民建镇示范点——永修县立新乡门口山村参观考察。省长助理、省移民建镇工作指挥部总指挥长凌成兴会见了联合国人居中心的专家。这也为日后江西省鄱阳湖地区灾后移民安置项目成功申报“2002 年迪拜国际改善居住环境良好范例”奖奠定了基础。

第 5 章　难点热点

史无前例的移民建镇工程同样遇到不少难点和热点问题。在江西省委、省政府和省移民建镇工作指挥部的领导和指挥下，通过全省有移民建镇任务的地方各级党委、政府和广大干部群众的积极努力，江西的移民建镇工作克服了重重困难，解决了一个又一个难点与热点问题，创造了一个又一个奇迹。实践证明，只有不畏艰难、勇于攀登，才能有计划、有步骤地实施好全省 1～4 期移民建镇工程。

难点之一：宣传发动。1998 年洪灾后，江西灾区满目疮痍，多数灾民仍暂时居住在圩堤上，眼见自家的房屋被毁、农田受淹、损失惨重，心灰意冷，没有多少人梦想过要移民建镇。党和政府想灾民之所想、急灾民之所急，在抗洪救灾取得决定性胜利的关键时刻，超前地提出实施灾后移民建镇工程，其远见卓识非同一般。然而，大规模的移民建镇必须发动广大移民参加。毛泽东同志说过：人民，只有人民，才是创造历史的动力。多年来饱受水患之苦的灾区农民一方面迫切要求解决住房问题，彻底摆脱水患；另一方面对党和政府的政策不了解、有疑虑、甚至个别人有抵触。灾区经济基础薄弱、农民文化素质较低，有的地方基层组织涣散，“等、靠、要”思想较严重，“只要平、不要赢”，移民建镇政策虽好，但要让灾区广大农民分析利弊、积极主动投入移民建镇的大潮中仍需做大量的工作。江西在移民建镇之初明确提出要深入开展“三个宣传”（宣传中央领导对灾区人民的亲切关怀，宣传“32 字”指导方针，宣传省委省政府的移民建镇优惠政策）、讲清“两个态度”（千载难逢的机遇不要错过、说服引导不搞强迫命令），为做好宣传发动工作指明了方向。各有关县（市、区、场）、乡镇、村充分利用报纸、广播、电视、黑板报、广告栏等形式广泛宣传移民建镇的目的意义和优惠政策，广大基层干部多次前往移民户家中做好深入细致的宣传发动工作，省、地（市）、县三级的万名干部下基层宣传移民建镇政策……有的农户要经过多次的宣传、讲解才慢慢接受移民建镇这一实事，这当中凝结了成千上万基层干部的汗水！没有正确的方针政策、没有广大基层干部的努力工作，要在较短的时间内解决这一难点问题是不可能的。

难点之二：规划选址。全省上千个移民建镇点要在较短的时间内开工建设，规划选址工作既重要又紧迫。江西规划设计技术力量不足，尤其是灾区县。在建设部及兄弟省市的支持下，省建设厅调度了省内外数千名规划设计人员紧急前往灾区，无偿帮助当地编制灾后重建村镇规划。由于时间紧迫，编制移民建镇村镇规划打破了过去的条条框框，规划设计人员和当地乡村干部现场选址，大多数移民建镇点选在原村镇附近的荒山荒坡上（江西称之为“后靠”），但其海拔吴淞高程必须在 23m 以上，尽可能不占或少占耕地，对少数无高地可选的村庄则实行“以地换地、统一调剂、适当补偿、提倡友谊”的做法。新选的移民建镇点大多没有现成的地形图，省建设厅出面要求直属的省测绘局无偿提供 1∶5 万的地形图，在此基础上由县级测绘队放大局部进行补测；缺乏电脑及制图软件时，规划设计人员克服困难采取手工画图，且加班加点连续作战，硬是在短时间内啃下了这块难啃的“骨头”；规划审批程序适度从简，经村民代表会或村委会同意、乡镇人民政府审核、报县级人民政府批准，或由县级人民政府授权建设局会同有关部门审批。由于采取了这些积极有效措施，保证了所有移民建镇点的规划选址在有关法律法规的框架内顺利完成，为“10 月中旬开工”争取到了时间。

难点之三：落实对象。按政策落实好移民对象是移民建镇的关键环节。江西 1～4 期移民建镇共安排移民建房 22.1 万户、90.82 万人，相当于三峡工程移民总数的 1.5 倍！早在移民建镇之初，江西就确定了移民的范围和条件，即必须是居住在沿长江、鄱阳湖地区湖口水位吴淞高程 22m 以下住房受淹的农民（包含省属农垦企业的部分农工）。各地严格按这一条件逐户做工作，填写《五联单》，在乡、村张榜公布，波阳等县还在当地报纸上公示，然后报县级政府批准，力求做到一户不多、一户不漏。绝大多数移民通过宣传发动了解政策、积极配合当地干部做好工作，如实填报《五联单》，但也有少数不愿意、不配合的。个别不属于移民对象的村民也来争移民建房指标，甚至多次前往省、市、县上访。少数乡村干部弄虚作假、虚报移民对象、骗取补助资金，或照顾不符合条件的亲友、引发村民不满；甚至有极少数干部利用职权将自己或亲属列为移民对象、在县城移民小区购房的。针对落实移民对象过程中出现的问题，各地采取了一系列行之有效的措施：一是组织干部深入村庄做工作，根据受淹情况现场判断是否属于移民对象；二是对不属于移民对象的和农户讲清移民建镇政策，耐心解释，同时做好来信来访工作；三是自上而下成立移民建镇工作监督小组，及时查处移民对象核定等过程中的违法违纪行为；四是落实乡村干部的责任，分片包干，确保移民对象落实的真实性、及时性；五是信息公开、阳光运行，接受广大移民群众的监督。

难点之四：宅基分配。移民建房不同于以往的村镇农民建房，后者大多有自己的宅基地，而移民建镇点大多为新规划的村庄与集镇，宅基地的分配成了大家非常关注的问题，若分配不公势必引起移民不满，好事可能变成坏事。江西各地的做法：首先是面积要统一，按人口分户计算面积，一般每户占地面积为 100～150m^2，最大的不超过 200m^2；其次是分配要公平，大多采取“抓阄”方法，允许经协商自愿调整，如兄弟姐妹要求尽可能建在一起；第三是村干部带头，和群众一起“抓阄”，不搞特殊化；第四是有偿调剂，对主干道两旁适应开店的宅基地，由村委会研究确定基准地价，通过有意向的村民竞价或“抓阄”获得，所得收益全部用于本村镇的基础设施建设。宅基地分到户后由建设部门和乡村干部统一组织放线验槽，杜绝擅自扩大宅基地面积的现象。由于坚持了“公开、公平、公正”的原则，全省没有发现一起因宅基地分配不公而上访告状的。

难点之五：建设进度。江西各期移民建镇对建设进度都有明确要求，尤其是1998年开始实施的第一期，确保灾民安全过冬是关键，省里提出“10月中旬开工、年前先盖一层”的目标十分明确。移民建镇刚开始时，受规划、设计、征地、平整宅基地、交通运输、资金、建筑材料等因素的影响，再加上有些地方领导重视不够、工作作风不实，部分地区移民建镇进度不够理想。1998年12月省政府办公厅《关于加快移民建镇工作进度的紧急通知》和全省移民建镇工作现场会后，各地移民建房进度普遍加快，同时各移民建镇点的基础设施建设也紧紧跟上。在实施第二、三、四期移民建镇过程中，江西认真总结第一期的经验，及时召开会议部署，每月对全省移民建镇进度进行一次调度，研究解决制约建设进度的关键性问题。所采取的主要措施有：一是加强了组织领导。各级党委、政府普遍重视移民建镇工作，将其作为一项为民办实事的中心工作来抓好，主要领导亲自过问，尤其是移民建镇任务较重的县，移民建镇领导和工作班子齐全，工作经费保障，每周一次例会，每日一调度，重大问题由领导出面协调解决，从而有力地促进了进度的加快。二是找准问题补“短板”。及时发现问题，找准当地制约移民建镇进度的因素，逐一分析研究解决。如有的县规划设计滞后，县里一方面请求上级建设部门支持，另一方面自己动员组织当地建设、国土、水利、林业、农业等部门的技术力量齐上阵，突击编规划；有的县移民建镇点的建设用地迟迟不落实，县政府明确要求土管部门会同建设部门、乡镇政府做好工作，简化程序，在村民无意见的前提下可边征边用、补办相关手续；有的县当地生产红砖告急、价格暴涨，政府出面到邻近的县、乡与砖瓦厂老板洽谈，采取“团购”的方式降成本、保供应。许多地方还大力推广新型墙体材料水泥“空心砖”。三是多方筹集资金。为解决建房资金紧张问题，县级移民建镇工作机构一手抓好移民建房补助资金的及时发放，另一手抓银行、信用社等金融机构的融资贷款支持，对个别困难户采取“亲帮亲、邻帮邻”的办法帮建。在整个移民建镇过程中，全省累计完成投资62.6亿元（其中包括中央补助资金36.7亿元），不仅确保了工程进度，还有力地拉动了当地经济发展。

难点之六：质量安全。“百年大计、质量第一”，大规模的移民建房，施工技术力量、质量监督工作若一时跟不上，弄得不好很容易出问题。根据省政府领导的指示，省建设厅印发了《江西省灾后重建、移民建房质量监督管理办法》和《江西省灾后移民建镇工程质量监督手册》，向有移民建镇任务的县派驻了21名质量监督员，同时要求各地（市）、县建设部门向乡村移民建镇点派驻质监员，重点对移民建房的基础、主体和屋面三个关键部位进行质量监督，把好建材质量检测关，现场对建房户进行工程质量业务知识的宣传和技术培训，帮助建房户落实对自家房屋质量监督的主体责任；分户填写《江西省移民建房质量监督检查表》，每一阶段经现场质监员签字后方可进入下一施工阶段，质量不合格的责成整改，暂缓发放建房补助资金；要求采取积极有效措施，确保移民建房质量合格率达100%。针对德安县、共青城个别地方发现移民建房因基础不牢导致房屋墙体开裂等问题，1999年1月，省移民建镇办下发了《关于加强全省移民建房质量监督指导工作的紧急通知》，要求各地提高认识、端正态度，严格制度、严格管理、严格责任，以对国家、对人民、对历史极端负责的精神和一丝不苟的态度，扎实把移民建镇工程质量提高到一个新水平；狠抓“三个落实”、明确“四方责任”：即狠抓质监人员落实、狠抓验收制度落实、狠抓奖罚办法落实，明确当地政府和有关主管部门、质监员、施工人员、建房户四个方面的责任；坚持规范、认真整改，要求各地对移民建房质量进行一次全面检查，对存在质量问题的房屋进行认真整改，要求施工人员严格按有关技术规范进行施工，注重施工安全，杜绝事故的发生。省、地（市）建设部门还不定期派员深入移民建镇点检查督导工程质量安全工作，发现问题要求当地及时组织整改。江西1～4期移民建镇工程总建筑面积达4500万m^2，相当于全省每年农民建房面积的1.3倍，但由于自始至终狠抓质量安全工作，未出现较大的质量安全事故，广大移民及各级建设部门对建房质量总体上是满意的。

难点之七：资金管理。资金管理贯穿于江西移民建镇工作的始终。对中央下拨的补助资金，省政府要求计划、财政部门会同建设、水利等部门及时分配下达到各县（市、区、场），相关配套资金也要求及时到位。经省政府同意，省计委印发了《江西省移民建镇补助资金分配、使用、管理办法》，规定移民建房资金补助标准为：居住在沿长江、鄱阳湖地区平垸行洪圩堤内的移民，每户补助14000元；居住在其他地区以及退田还湖圩堤内的移民，每户补助11000元，对特困户（按10%比例计算）每户增加补助资金4000元；基础设施建设平均每户补助3000元。要求按建房进度及时发放补助资金，即移民建房打好基础发放30%左右的补助资金，盖好一层再发放40%左右的补助资金，竣工验收后（包括拆除旧房、收回宅基地）立即将剩余的补助资金全额发放到建房户。基础设施建设补助资金由县级人民政府统筹安排使用，不分发到户。重申建房补助资金必须按时、足额发放到移民建房户手中，不许克扣、截留、浪费、贪污、挪用，对违法违纪者将予以严惩。省财政厅也印发了《江西省关于移民建镇资金管理办法》，要求移民建镇资金专户储存、专款专用，不准挤占、截留和挪作他用，自觉接受上级财政、审计部门的监督；资金的发放必须手续完备，符合财务管理规定；各级财政部门要切实加强资金的监管，防止虚报、挤占、挪用和截留移民建镇资金。为确保移民建镇资金使用安全，省、地（市）、县有关部门多次组织对移民建镇资金进行检查与审计，发现不少问题，有些问题令人触目惊心！移民建镇涉及千家万户，省里曾多次强调移民建房补助资金的发放只能与进度、质量及拆除旧房相挂钩，除此之外不得随意克扣、滞留、拖延移民建房补助资金发放。但在具体操作过程个别地方借机冲抵农村“三提五统”及历史欠账，有的向移民收取建房“手续费”、“招待费”，有的村民反映政府补助说是每户1.1万元，但七扣八扣，实际到手才八、九千元；一些地方为图省事由村干部代领补助资金，曾经出现过个别村干部代领10多万元移民建房补助资金后携款逃跑的刑事案件，后经公安部门全力侦破虽挽回了大部分损失，但仍造成了较大的负面影响。资金管理的确是移民建镇过程中的一大难点问题。

难点之八：拆旧还基。居住在滨湖地区的移民建好新房、迁入新居后，必须无条件拆除旧房，并将原有宅基地交回村级集体组织。这样做不仅可让移民远离水患之苦、过上安居乐业的幸福生活，而且有利于节约用地、保护生态、防止少数移民返迁，达到平垸行洪、退田还湖、移民建镇目的，也符合土地管理相关法律法规的规定。大多数移民对这项政策表示理解和支持，入住新居后主动将原有旧房拆除，但也有少数移民故土难离、旧居难舍，不情愿拆除旧房，导致新村新房空着、旧村虽破烂不堪但旧房仍有人居住，生活环境质量下降，甚至造成移民返迁现象。省、地（市）、县在移民建镇工作督导和检查验收过程中及时发现这一问题，立即采取了以下措施：一是组织乡村干部上门做移民户的工作，进一步宣传党和政府的关怀和移民建镇政策，动之以情、晓之以理，动员移民自己动手拆除旧房；二是严格执行拆旧还基政策，“一户一宅”，不允许一户多宅，违反者除暂缓发放移民建房补助资金外，还将依据相关法律法规予以处罚；三是对已全部列为移民建镇对象的旧村庄，待新的移民建镇点建成、绝大多数移民搬迁入住后限期对旧村庄停止供电、供水，促少数移民搬迁拆除旧房；四是对不听劝告的极个别移民户，按当地村规民约由其他村民帮助其拆除旧房。在整个移民建镇旧房拆除过程中虽有一定的阻力，但没有动用过执法队伍强拆，也没有出现因拆除旧房而引起移民越级上访的情况。

热点之一：资金来源。移民建镇补助资金是地方政府和广大移民共同关心的热点问题。有没有补助？补助标准多少？资金什么时候能到位？1998年江西沿长江、鄱阳湖地区受灾严重，灾后重建需要大量的资金，而江西各级财政大多为“吃饭财政”，挤不出更多的资金搞灾后重建，大头只能依靠中央财政的支持。国家计委等部门在充分调查研究的基础上，迅速拟定了灾后重建资金补助方案，经国务院批准，1998年12月国家计委印发了《关于审批湖北、湖南、江西、安徽四省平垸行洪、退田还湖、移民建镇实施方案的请示》，明确国家在财政预算内专项资金中安排移民建镇资金，用于补助灾民建房。此后，国家计委又制定了《移民建镇投资试行管理办法》，确定国家补助的移民建房材料费为每户15000元，后又增加了每户2000元的基础设施建设补助资金。省计委根据国家计委和省政府相关文件精神对移民建镇资金补助标准行当进行了分类调剂。国家有关部门还急灾区之所急，于1998年10月提前预拨了10亿元移民建镇补助资金，其中江西分得了4.9亿元。这么一大笔中央财政补助资金在大规模移民建镇工程动工之前提前下拨到位，及时解决了灾区干部群众所关心的热点问题，充分体现了党中央、国务院对灾区人民的亲切关怀和实施移民建镇的决心，也使得江西等省从事移民建镇工作的干部信心更足了，滨湖地区广大灾民的移民建镇热情更高了。

热点之二：指标分配。移民建房指标分配是一项政策性很强的工作，涉及面较广，各地的情况较为复杂，处理得不好可能会引发社会矛盾。江西把移民建镇范围框定在1998年受严重水灾的沿长江、鄱阳湖地区且居住在平、退圩堤内的农民（或农工），要求各地在逐户调查的基础上上报移民建镇计划。单独立户的原则是在平退圩堤内有唯一住房、洪灾之前已依法立户且按户承担村提留乡统筹等义务的，还规定立户时父亲已年满60周岁、母亲已年满55周岁、子女已享受移民建房补助资金的父母不再单独享受移民建房补助资金。这也是一项深入细致的工作，农村情况复杂，光凭户籍信息远远不够，需要逐户调查、测量水位线，然后统计上报。若上报的指标少了不够分，多了又落实不下去，移民建镇工作就会出问题。大多数县都能严格按省里要求调查汇总上报各圩堤内所需的移民建房指标，但也有少数地方工作不实，虚报冒领移民建镇指标。如在移民建镇之初原上饶市（现为信州区）茅家岭乡同心村虚报冒领53户移民建房指标，都昌等县少数干部以权谋私侵吞移民建镇指标，还有少数干部不给好处不帮移民户安排移民建房指标等。事后这些问题虽得到了及时查处，但仍在群众中造成了极坏影响。在基层，指标的公平分配一直是移民群众关心的热点问题，个别地方指标分配不公，引发群众上访；有些地方争取指标积极、指标到手后却难落实到户，不得不交回指标；极少数乡村干部将移民建镇指标照顾不符合条件的亲属，甚至据为己有。尽管出现过这样那样的问题，但由于政策透明、监督有力，从总体上看，江西1～4期22.1万户移民建镇指标分配是公平的，移民建镇成果是经得起历史检验的。

热点之三：移民进城。让一部分有一定经济实力、能自行解决生计的移民进入县城移民小区居住，既彻底消除了移民饱受的水患之苦，又加快了城镇化进程，实现了真正意义的移民建镇。江西自移民建镇之初就开始考虑这一问题，波阳、都昌、湖口、彭泽、瑞昌、九江、星子、永修、新建等县在县城规划区内规划建设移民小区，并制定了一系列优惠政策，引导有条件的移民进城，除国家补助的移民建房材料款仍一分不少地发给每户外，还允许其保留农村户口、责任田，减免移民小区建设的各项税费，降低建房成本，力争移民小区内的房价控制在每平方米400～500元之间，让移民能买得起房，有的县还为移民进城广开就业门路。这一热点问题让不少移民感兴趣，一时间报名踊跃，乡镇干部根据报名情况逐户落实进城人员，并张榜公示。移民小区建成后，进城移民喜气洋洋乔迁新居，过上了城里人的新生活。如波阳县通过移民建镇建成了“百亩千户”

移民小区，1000余户移民告别了世代居住的农村进城定居，子女享受到了县城的优质教育资源，生产生活条件得到了较大的改善。但在吸引移民进城的过程中，也曾出现过一些问题，有的地方移民进城后生计得不到很好落实，引发社会治安问题；个别基层干部弄虚作假骗取进城移民指标，谋取私利；少数移民小区物业管理不到位，“脏、乱、差”现象较突出。这些都在以后的工作中得到了纠正。

热点之四：基础设施。按照全省移民建镇工作部署，所有移民建镇点的基础设施均由当地政府负责组织建设，除国家补助的平均每户3000元外，不足部分由地方政府统筹解决。由于大多数移民建镇点为新建的村镇，基础设施基本上是空白，国家补助的资金有限，而移民对基础设施的期望值较高，要求配套完善，这也就成了移民建镇工作中的热点问题。为解决这一问题，省、市、县级政府研究出台了相关政策，要求各级财政、计划、交通、教育、卫生、水利、建设、农业、林业、国土、供电等部门全力支持移民建镇点的基础设施建设，并采取挂点帮扶措施，省直有关部门顾全大局，加大了对移民建镇点基础设施配套建设的力度，尤其是交通、供电、教育、卫生等部门。县级政府是移民建镇点基础设施建设的责任主体，负责统筹资金、规划设计、组织施工、质量安全等工作，乡镇政府承担了基础设施建设的具体任务。许多地方除财政投入外，还积极争取社会各界的捐助。省里规定10万元以上的移民建镇基础设施建设项目都必须通过招标的方式来选择施工队伍，并比照项目法人制对项目工程质量安全和造价负责。各级政府尽心尽责，紧紧依托广大移民群众，自力更生、艰苦奋斗，在较短的时间内完成了道路、供水、供电、绿化、环卫、通讯等必要的基础设施，实现了移民建镇点基础设施的新跨越、人居环境的新跨越。

第 6 章　攻坚克难

在这场史无前例的移民建镇大潮中，江西同样遇到了前所未有的困难，面临着诸多的挑战。在省委、省政府和滨湖地区各级党委、政府的领导下，灾区广大干部群众攻坚克难，打响了一场又一场战役，夺取了一个又一个佳绩。

第一，处理好抗洪救灾与灾后重建的关系。移民建镇之初，洪水尚未退却，成千上万的灾民仍暂住在圩堤上，对于当地党委、政府而言，抗洪救灾的任务仍很艰巨，必须坚持“两手抓”：一手抓抗洪救灾，一手抓移民建镇。有移民建镇任务的县大多是灾情较重的县，县委、政府领导分工明确，民政、农业、财政等部门及分管领导以抗洪救灾工作为主，而建设、水利、计划等部门及分管领导则以移民建镇工作为主，各部门之间的工作虽有交叉，但都能积极配合、各司其职、形成合力。受灾最严重的波阳县县委书记、县长亲自挂帅，多次在县政府、县防汛抗旱指挥部召开紧急会议，全面部署抗洪救灾和移民建镇工作，迅速成立技术咨询、灾情核实、防汛保卫、现场报道、后勤服务、通讯联络、交通运输等 7 个小组，责任落实到人。县级挂点领导全部下到基层，召开会议，落实责任，实地督查；乡（镇）、村的广大干部群众迅速动员，全身心投入抗洪救灾和灾后重建工作之中，很多人抛家不顾、没日没夜地忘我工作。面对如此艰巨的双重任务，没有党和政府的坚强领导、广大干部群众全身心的投入，是不可能战胜洪魔、夺取灾后重建工作胜利的。

第二，充分的调查研究和周密部署。在做好抗洪救灾工作的基础上，按照移民建镇政策，组织干部对移民建镇范围和对象进行深入的调查，摸清家底，同时挨家挨户做好宣传动员工作。沿长江鄱阳湖地区的广大农村大多交通不便，加上洪水未退，一些地方只能乘船前往，但基层干部不畏困难，根据所掌握的实际情况组织起草平垸行洪、退田还湖、移民建镇实施方案，及时与上级有关部门汇报沟通，反复研究方案的可行性，抽调人员组成移民建镇工作班子，下发文件、召开相关会议进行全面部署。面对突然袭来的洪灾和灾后重建工作，地方党委、政府的组织协调工作十分重要。在实施1～4期移民建镇过程中，调查研究是基础，周密部署是保证，调查研究不深入，很多问题不能及时发现和解决；工作部署不到位，面上的工作推不动，进度上不去。成千上万的干部为做好移民建镇工作呕心沥血，作出了无私的奉献。

第三，在较短时间内迅速掀起移民建镇高潮。移民建镇是一项民心工程、德政工程，为确保灾民安全过冬，就必须争分夺秒搞建设，齐心协力谋发展。大规模的移民建镇在江西历史上属首次，万事开头难，难就难在没有现成的经验可借鉴，一切都得从头开始。在处理好难点与热点的同时，江西紧紧咬住“10月中旬动工、年前先盖一层”的目标，着力做好开工前的各项准备工作，力争早日开工建房，并在年底前掀起移民建房高潮。波阳县的莲湖乡、新建县的南矶乡、南昌县的塔城乡、永修县的立新乡、都昌县的周溪镇等乡镇的移民建镇任务繁重，县里派出强有力的工作组长期驻乡镇帮助工作，乡（镇）、村的干部全力以赴、夜以继日地工作。新的移民建镇点没有路，施工机械进不了场，当地干部组织移民群众自己动手肩挑背扛，修筑道路、平整场地；莲湖等乡四面环水，没有桥，大量的建材只能靠船运；有些村庄地势低洼难选到合适的高地建房，乡镇政府出面与邻村调剂建房用地，这在农村是一项非常难做的工作，但在特殊情况下通过做过细的工作还是做到了，的确不容易；一些五保户、特困户即使国家补助部分材料款也无能力建新房，为了改善其居住条件同时不拖移民建镇进度的后腿，乡村干部动员以“亲帮亲、邻帮邻”的办法帮助其盖房，基本做到了移民建镇进度整村齐头并进……1998年四季度我到过许多移民建镇点，目睹了热火朝天的移民建房场面，亲身感受到广大移民群众自己动手、重建家园的极大热情，深切体会到广大灾区农民是移民建镇的主体，只有依靠人民群众才能创造一个又一个人间奇迹。

第四，全力组织干部群众攻坚克难。“攻城不怕坚、攻关不畏难”，说起移民建镇的艰难广大参与过移民建镇工作的同志都有深切体会。时间紧、任务重、用地紧张、资金不足、缺水少电、工匠紧缺、建材供不上、质量难保证、拆除旧房困难、退田还湖阻力大等。在移民建镇期间，省委、省政府、省移民建镇工作指挥部召开过几十次会议、组织过上百次调研督导、抽调过上千名干部搞检查验收、抽查过上万份移民建房档案、清点过数十万户移民建房、审计过数十亿元移民建镇补助资金……对移民建镇工作自始至终做到有部署、有检查、有验收，并及时研究处理移民建镇过程中遇到的问题，光是《江西省移民建镇工作文件汇编》就编印了厚厚的五册，从而确保了全省移民建镇工作的正常运转。南昌、九江、上饶三地（市）相关领导和部门全身心投入移民建镇工作，起到了桥梁和纽带作用。县级党委、政府是移民建镇工作攻坚克难的直接组织者和指挥者，那里任务重、问题多、难度大，县级领导就出现在那里，资金不足财政先垫付，人员不足全县统一调配，技术力量不足协调各方予以支持，建材不足组织砖瓦厂开足马力生产，充分体现了全心全意为人民服务的根本宗旨。乡（镇）、村两级党组织是移民建镇工作的直接责任者和参与者，广大基层干部顶风冒雨在一线工作，从组织申报到宣传动员、再到分配宅基地组织开工、指导建房、发放补助资金、检查验收、拆旧还基，实行全过程跟踪服务，在移民建镇攻坚克难中发挥了主力军作用。

第五，不怕疲劳连续作战为民立丰碑。4期移民建镇，基本上是一年一期，其中第1期任务最重，占了4期总任务的52%。灾区广大干部群众刚从抗洪救灾一线下来，又马不停蹄地投入到移民建镇工作之中，且一期接着一期干、一期干给一期看，一直持续了8年之久！这期间广大干部夜以继日地忘我工作，轻伤不下火线，有的干部累坏了、病倒了、甚至牺牲了，这种不怕疲劳连续作战的精神正是98抗洪精神的延续！大家为了一个同样的目的：早日让广大灾民迁入新居、免受水患之苦、过上安居乐业的新幸福生活。他们用自己的实际行动，在鄱阳湖畔广大人民群众心目中树立起了一座永恒的丰碑！

这里列举出几个鲜活的例子，来展示灾区广大干部群众在移民建镇工作中努力攻坚克难的生动场景：

波阳县莲湖乡是鄱阳湖中最大的湖岛，这里四面环水，出门靠摆渡，在98洪灾中损失惨重。由于交通不便，加上十年九灾，多数群众生活在贫困线以下。经调查核定，全乡第一期移民建镇对象为9936户、42156人，约占波阳县第一期移民建镇总数的1/3，是全省移民建镇的第一大乡，其移民建镇工作量相当于其他几个县的总和。如此大规模的移民建镇，所遇到的困难和问题是可想而知的，尤其是征地工作说有多难就有多难。莲湖乡人均耕地面积不到0.3亩，为了尽量少占耕地，移民建镇用地尽可能利用荒山荒坡，因此需要迁移的坟墓、房屋、砖瓦窑特别多，经常遇到少数“钉子户”阻挠迁坟、拆房。莲湖乡党委、政府一班人，在乡党委书记胡伟的带领下，跑遍了全乡的每一个角落，苦口婆心地做群众工作，不知吃了多少苦、受了多少累，磨破了多少双鞋，硬是在较短的时间内、在4000亩的土地上新建了4个集镇、4个中心村、8个基层村，让近万户灾民喜迁新居。

永修县立新乡是受灾较严重的乡镇之一，且地处昌九高速公路两侧，被省、市、县列为移民建镇示范点的村镇也较多。示范点不光要带头建，而且要探索移民建镇经验、在全省复制推广。县委、县政府及乡党委、政府在示范点建设方面花了不少心血，派出了得力干部长驻移民建镇点，帮助解决实际问题，并在政策、资金、技术服务等方面予以倾斜。一是精心选址布点，既要交通方便，又要有利于移民生产生活、让群众满意；二是精心编制规划，只有科学规划，才有合理布局；三是精心组织建房，鼓励移民按规划设计盖两层楼房，抓好进度、质量、安全；四是精心完善设施，力求做到水、电、路、通讯、绿化、环卫等基础设施基本配套，改善居住环境；五是精心解决生计，发展种养业，想方设法为移民广开致富门路。永修县立新乡示范点的建设为全省移民建镇工作积累了经验、树立了标杆、鼓舞了斗志，参与该项工作的干部群众功不可没！

新建县移民建镇办主任余美文，自始至终参与移民建镇工作，8年里跑遍了全县所有移民建镇点，与乡村干部打成一片，说起他的大名全县的移民群众几乎都知道。他不仅带头宣传贯彻移民建镇方针政策、落实移民建镇工作各项举措，还经常深入移民户家中调研，帮助解决实际问题，督导基层干部务实工作，因而深受广大干部群众爱戴，两次被评为全省移民建镇工作先进个人。令人感动的是，他不顾个人安危，冒着感染血吸虫病的危险，多次乘船前往南矶山乡，为移民建镇对象排忧解难，指导移民建镇选址布点，审查村镇规划，督导移民建镇进度、质量、拆除旧房等工作，就连乡干部都感叹他的工作细致，当地干部群众亲切地称他为“余办”。

星子县移民建镇办干部李晓桃，是个出色的女“工作狂”，她原本在公安派出所工作，既安定又有一定的权力。县政府将她抽调到移民建镇办，她二话没说撸起袖子加油干，抛家不顾和男同志一道跑乡村、下基层，没日没夜地工作，难事累事抢着干，在审核移民对象的户籍信息过程中，她一丝不苟、认真对待，经她审核的几乎无一出现差错。见到和她一同参加工作的干部提拔重用了，她仍然不动心，坚守在移民建镇工作第一线……

像这样的例子还有许多许多，可以说是数不胜数。是啊，8年的移民建镇，广大干部群众付出了多少心血、作出了多大贡献、度过了多少个不眠之夜！

第 7 章　多方监督

大量的移民建镇资金下拨后，各地相继出现了一些违反资金使用的情况。先是原上饶市（现为信州区）茅家岭乡同心村虚报 53 户移民指标，冒领移民建镇补助资金，被中国青年报记者发现，并在《中国青年报》1999 年 3 月 21 日头版以《这个移民新村水分多》为题进行了曝光。后在 1999 年上半年省审计厅组织的第一次全省移民建镇工程资金审计中又发现多起问题，如九江县挪用移民建镇专项资金 120 万元代县水泥厂缴交增值税及虚设的固定资产方向调节税；永修县重建办挪用移民建镇资金购买小汽车，立新乡挪用 13 万元垫付欠交的电费，立新乡车溪村在发放移民建镇补助资金时扣提留款 2 万余元，县地税局擅自发文从移民建镇补助资金中代扣建筑业营业税；都昌县移民建镇办擅自将移民建镇专项资金 3000 万元存定期储蓄，造成移民建镇专项资金滞留；余干县枫港乡财政所副所长擅自将移民建镇补助资金公款私存等。

上述问题引起了省委、省政府领导的高度重视。针对上饶市茅家岭乡同心村发现的问题，省纪委立即成立省、地联合调查组进驻上饶市调查，通过查阅资料、走访移民户和相关干部群众、清点移民建房等方法，查清记者反映的问题基本属实。在当初上报移民建镇计划时，村里符合条件的只有 55 户，市里的干部怕“吃亏”，要求乡村干部多报，省里下达计划后，市里没有去逐户落实，的确存在虚报冒领行为，被《中国青年报》曝光，带来了较坏影响。经上饶地区纪委研究并报省纪委、上饶地委同意，分别给予了相关责任人党纪政纪处分，其中给予市长党内警告处分，一名市委副书记党内严重警告处分，一名副市长行政记过处分，市农办主任撤职处分，一名市建设局副局长行政警告处分。

针对上饶、九江、永修、都昌、余干等县存在的问题，省纪委会同省审计厅、省移民建镇办等单位在当地有关部门的配合下进行了认真查处，并向全省发出了通报，除通报上饶市受查处的人员外，还分别给予相关责任人九江县计委主任、财政局局长行政记过处分；永修县委一名常委党内严重警告处分，县灾后重建家园领导小组副组长党内警告处分，立新乡党委书记党内严重警告处分、乡长行政记过处分，县地税局一名副局长行政记过处分；都昌县计委主任（兼县移民建镇办主任）行政记大过处分；余干县枫港乡党委书记党内警告处分，乡长行政警告处分，财政所一位副所长行政撤职处分。

为狠刹这股歪风，起到警示作用，1999 年 8 月 3 日，省政府召开了全省强化移民建镇资金管理工作电话会议，会议通报了对上饶、九江、永修、都昌、余干等 5 县（市）在移民建镇资金管理中违纪问题的处理决定，再次强调和布置进一步加强全省移民建镇资金管理工作，省长舒圣佑、常务副省长黄智权出席会议并讲话，省委常委、省纪委书记马世昌和副省长孙用和出席会议，省长助理凌成兴主持会议。

舒圣佑省长在会上指出，自 1998 年 9 月移民建镇工作开展以来，省政府极为重视移民建镇资金管理工作，采取了有力措施，但是有些地方的少数同志，党性观念、政策观念、群众观念乃至法制观念极为淡薄，随意滞留、克扣、挤占、挪用、浪费移民建镇资金，损害了党和政府形象，损害了人民群众利益。全省各地和所有移民建镇工作人员要以这次查处通报为鉴，认真吸取教训，举一反三，以“三讲”教育为动力，从讲政治的高度继续严格执行移民建镇的政策规定，牢固树立为人民服务的根本宗旨，管好用好移民建镇资金，让中央满意，让人民群众满意。舒省长强调，要采取和强化各项有效措施，严防死守，监管结合，坚决堵住移民建镇资金管理、使用上的漏洞。要切实建立并落实移民建镇资金管理使用责任制，各级政府的主要领导要对移民建镇资金负总责，要层层落实责任制，一级抓一级，一级向一级负责，确保今后移民建镇资金管理使用不再发生任何问题。要规范和加强移民建镇资金管理使用制度，实行专户专人管理，建房资金要及时、足额发放到移民手中，严禁滞拨、缓拨、克扣、抵扣、挪用，严禁以购物券代替现金发放。要规范财务手续，采取多种形式，加强对乡、村两级财会人员的培训，全面提高基层财会人员的政策、业务水平。要加大监督、审计、查处力度，严肃财经纪律，建立群众监督、舆论监督和行政监督相结合的监督体系，严明铁的纪律，运用铁的手腕，防止、纠正违规违纪行为，防范、减少经济犯罪。对违规、违纪、违法行为今后将严肃处理，决不手软。

黄智权常务副省长要求各地充分认识加强移民建镇资金管理工作的极端重要性，把它作为事关党和政府形象、事关受灾群众切身利益、事关灾区社会稳定和经济发展、事关移民建镇成败的重要工作，切实抓紧抓好。他指出要充分认清移民建镇资金管理中存在问题的极端严重性。江西省移民建镇资金管理使用中存在的严重问题：一是滞留资金的数额触目惊心，二是挤占挪用补助资金的典型触目惊心，三是五花八门的扣款触目惊心，四是财务管理混乱触目惊心，五是违反“三统一分两严格”原则触目惊心。要认真吸取教训，加强对移民建镇资金管理工作的领导，实行领导负责制，建立县、乡两级领导责任追究制度，严厉查处违纪违法行为。要认真执行移民建镇资金管理的各项制度，实行专款专用，专户储存，专人专账管理，账务公开，封闭运行，切实加强财务管理，严肃各项资金管理纪律。要加强监管力度，组织纪检、监察、审计等部门进行反复检查审计，使违纪违法者无机可乘，无处可逃。要强化服务意识，将有关优惠政策落实到位，帮助基层主要是乡村两级对财务人员进行培训，并依靠群众、发动群众监督资金管理工作。移民建镇资金管理工作要经得起财务检查，经得起群众监督，经得住历史考验。

会后，《江西日报》在1999年8月4日头版发表了题为《移民建镇资金岂容胡作非为》的评论员文章，指出从最近查处的典型案例看，各地在移民建镇补助资金使用中还存在不少漏洞，有的问题比较严重甚至触目惊心，令人愤慨，一些人胆大妄为，我行我素，目无法纪，已经到了不能容忍的地步。自移民建镇工作开展以来，党中央、国务院以及中央有关部委对我省灾后重建、移民建镇工作极为关心和重视。省委、省政府以及滨湖地区各级党委、政府对移民建镇资金管理工作高度重视，省委、省政府主要领导再三强调要认真管好、用好移民建镇资金，切实做到专款专用。去年10月，省计委转发了国家计委《移民建镇投资试行管理办法》，今年2月，经省政府批准，有关部门下发了《江西省移民建镇补助资金分配、使用、管理办法》、《江西省关于移民建镇资金管理办法》，今年5月，省移民建镇工作指挥部办公室印发了1万份《关于公布〈江西省移民建镇补助资金分配、使用、管理办法〉的通告》，并公布了两部举报电话，同时还组织了三次全面督查，发现在移民建镇资金管理等方面的问题及时下发督查整改意见书。至此，省政府已先后六次召开有移民建镇任务的地（市）分管领导、县（市、区、场）主要领导和分管领导及相关部门负责人参加的移民建镇工作会议，省委、省政府主要领导在会上多次强调要管好用好移民建镇资金，并就加强移民建镇资金管理采取了一系列积极措施。但是，有些地方的少数同志，政策观念、纪律观念、群众观念乃至法制观念极为淡薄，对党中央、国务院的三令五申置若罔闻，对省委、省政府的一系列文件规定听之任之，对移民建镇资金截留、克扣、挤占、挪用、浪费，其违规、违纪、违法的行为令人发指。有损党和政府的形象，有损人民群众的利益，其教训是深刻的。我们按党纪国法、按规定对少数干部进行处理，也是对干部的挽救和爱护。文章最后强调：移民建镇是功在当代、利在千秋的德政工程和民心工程，补助资金来之不易，党和人民容不得这种胡作非为的行为，全省各地要以此为鉴，举一反三，认真吸取教训。要以“三讲”教育为动力，从讲政治的高度继续严格执行移民建镇的政策规定，把中央补助资金管好、用好，让中央领导放心，让人民群众满意。要牢固树立全心全意为人民服务的根本宗旨，相信群众、依靠群众、发动群众，公开政策、接受监督，及时发现、坚决纠正、严厉查处贪污、挪用、挤占、截留、克扣、浪费移民建镇补助资金的行为。以向党负责、向人民负责、向历史负责的高度政治责任感，确保全省移民建镇任务顺利完成。

1999 年 10 月，国家审计署武汉特派办组织人员对江西省移民建镇等国债专项资金的安排、使用和管理进行了审计检查，省长助理凌成兴受省政府委托参加了审计检查反馈意见会，他要求各地严肃认真地对待审计中发现的问题，及时查处相关责任人，杜绝滞留、克扣、挪用移民建镇专项资金的行为。此后，财政部驻江西专员办也组织力量对江西省移民建镇资金管理进行了专项检查。

江西的移民建镇第一次上中央电视台《焦点访谈》节目，是在 2000 年 3 月。2 月份根据相关线索，中央电视台《焦点访谈》节目的记者专程来江西省采访，了解永修县吴城镇东风圩复堤堵口情况。记者事先没有和省有关部门打招呼，而是通过私人关系在省林业厅的下属单位借了一台越野车，直奔吴城镇采访拍摄。现场采访结束后，记者才找到省移民建镇办，通报相关情况并就有关政策问题采访省移民建镇办负责人。《焦点访谈》节目当时在全国影响很大，省移民建镇办不敢怠慢，立即将情况向分管省领导作了汇报，引起了省领导的重视，虽采取了一些补救措施但为时已晚。3 月 10 日，中央电视台《焦点访谈》节目以《领钱容易退田难》为题对江西省永修县吴城镇东风圩复堤堵口事件进行了曝光。节目播出后在全省引起了很大震动，省委、省政府领导作出批示，要求严肃查处、举一反三，省移民建镇工作指挥部领导立即召集省建设厅、省水利厅、省监察厅、省审计厅等部门的领导进行专题研究，并派出调查组深入吴城镇进行调查处理。经调查，事件的真相是：位于永修县吴城镇河东村的东风圩在1998年的特大洪涝灾害中决口，后经省计委、建设厅、水利厅批准列入了平垸行洪的圩堤，居住在圩堤内的农民已全部迁出并按政策实施了移民建镇，对决口的圩堤国家和省规定应实施平垸行洪，不得复堤堵口。但吴城镇河东村的少数干部为了局部利益、小团体利益甚至个人利益，置国家利益和中央的方针政策于不顾，私下集资35多万元，采用机械化作业将东风圩两处长达309m的缺口堵上，同时擅自将圩堤内只能机会性养殖的1800多亩水面长期承包出去，将堤内的4000多亩土地重新承包给村民或外地人耕种，从中收取承包费50多万元。这种复堤堵口的错误做法不仅违反了中央"平垸行洪、退田还湖、移民建镇"的指导方针，违反了省委、省政府《关于灾后重建、根治水患的决定》精神，而且引起了外迁移民的强烈不满，造成了极坏影响。问题查清后，省政府及时下发了《关于永修县吴城镇将"平垸行洪"的东风圩复堤堵口的情况通报》，责成永修县限期拆除东风圩的复堤堵口，解除东风圩内水面及土地承包合同，对负有直接责任的镇、村领导给予相应的党纪政纪处分。省政府办公厅还下发了《关于切实抓紧落实平垸行洪退田还湖实施方案的紧急通知》，要求有关市、县政府高度重视本地平垸行洪、退田还湖工作中存在的问题，采取有力措施尽快加以解决；要抓紧编制一、二期平垸行洪、退田还湖实施方案，切实做好平退圩堤工作。并决定在近期内组织一次对全省平垸行洪、退田还湖、移民建镇情况的全面检查，坚决查处任何违反中央"平垸行洪、退田还湖、移民建镇"指导方针的行为。

如此大规模的移民建镇难免出现这样那样的问题。虽然省移民建镇监督小组、省审计厅、省监察厅、省移民建镇办及地（市）、县相关部门多次组织督查与查处，但"到处贴告示、仍有不识字"者，尤其是村、组一级的基层干部，在移民建镇过程中执行政策走样，甚至以权谋私，引发群众上访。2000年6

月 3 日上午，就在省政府召开全省移民建镇工作表彰大会期间，新建县樵舍镇和共青城江益区的数十名移民，手举“移民冤情上访”的标语，在会场外的江西饭店门口跪坐，要求面见参加会议的省领导反映情况。这些上访移民反映的问题主要是移民建房补助资金没给齐，新房没盖好，旧房拆除后无处居住，有的甚至暂住在猪栏里；移民建房补助资金被层层截留，移民建镇指标分配不公或被乡村干部虚报冒领；移民建镇点基础设施不配套，给移民生产、生活带来诸多不便等。新建县和共青城的干部发现后及时对上访群众进行劝导，但上访群众仍不愿离开，引发了不少过往行人的围观，这些上访的移民在江西饭店门口逗留数小时后于 12 时左右才陆续散去。在场的新华社记者采访此事后当天发了一份《江西内参》，舒圣佑省长、凌成兴省长助理阅后当即作了批示，一方面感谢新闻媒体的舆论监督；另一方面要求有关部门高度重视移民反映的问题，发现问题及时组织查处，并做好移民来信来访工作。

省移民建镇办为此专门设立了移民来信来访工作室，指派了两名处级干部专门负责接待移民来访，并将来信来访所反映的问题汇总后及时书面向领导报告。省移民建镇办还多次召开了全省移民建镇信访工作会，要求省、市（地）、县设立专门机构，专人负责来信来访工作，力争把矛盾化解在基层，这些措施起到了积极的效果。

在处理移民建镇来信来访过程中，省移民建镇办工作人员耐心接待移民来访，当面解答相关问题，有些问题及时电话与县级移民建镇办的同志沟通，力促问题的解决，绝大多数上访移民对此基本满意。但也曾出现过一些意想不到的情况，如永修县立新乡有一位马姓村民，居住在鄱阳湖畔的村庄里，由于住房地势较高，在 1998 年洪灾中未受淹，不属于移民建镇对象。此人 40 多岁，据说是位好逸恶劳、在村里出了名的“小混混”，看到其他移民获取了国家补助资金建新房，心里痒痒的，多次找村干部要指标未果，开始走上了上访之路。先到县里上访，县移民建镇办的同志接待了他并和乡村干部核实了相关情况后，明确回答他不属于移民建镇对象。但此人仍不死心，后又多次前往省移民建镇办上访，工作人员耐心宣讲移民建镇政策可他怎么也听不进去，死皮赖脸在办公室胡搅蛮缠，甚至自带被褥睡在省建设厅办公楼门前，动员他回家他就向你讨路费。省移民建镇办为此专门派人到实地进行调查，确认此人并非移民对象，没有因其多次上访而满足其无理要求，执行移民建镇政策不走样。

为使大规模的移民建镇工作有法可依、有章可循，省政府领导高瞻远瞩，自 1999 年开始部署江西移民建镇立法工作，指定由省政府法制办公室牵头，省移民建镇办、建设厅、水利厅、农业厅、国土资源厅等单位配合，着手制定《江西省平垸行洪退田还湖移民建镇若干规定》。经过大量的调查研究、广泛征求意见、反复修改，2000 年 12 月 29 日，江西省人民政府第 102 号省长令公布了《江西省平垸行洪退田还湖移民建镇若干规定》。这是一部全国独一无二的省级地方政府规章。《规定》共分七章五十四条，对全省平垸行洪、退田还湖、移民建镇应遵循的基本原则、各级政府的职责、移民的权利义务、圩堤的防洪运用与管理、土地管理、移民建镇规划与建设等方面作出了详尽的规定，并明确了相关法律责任。《规定》的出台，使江西的移民建镇工作走上了法治化轨道。

为深入了解江西等省移民建镇工作情况，2002 年 3 月 21 日～28 日，国务院办公厅派出调查组，由一位处长带队，深入江西省永修、星子、湖口、都昌、波阳、余干等 6 县就移民建镇工作进行了调研。2002 年 3 月 21 日，凌成兴副省长在南昌会见了调查组成员，并要求省移民建镇办派员积极配合调研。调研组的同志工作非常认真，白天深入到移民建镇点，走村串户，和当地干部群众交谈，了解移民建房、指标分配、补助资金到位及移民生计等情况，晚上召开座谈会并将每天的所见所闻整理成日记。通过深入基层调研，了解到不少真实情况，也发现了一些问题。回北京后，调查组完成了《关于江西省平垸行洪、退田还湖、移民建镇情况的调研报告》，连同所整理的《调查日记》呈国务院领导阅示。

《调研报告》认为：江西的移民建镇任务居四省（湖南、湖北、江西、安徽）之首，省委、省政府对此项工作十分重视，成立了专门的领导和工作机构，制定下发了《江西省平垸行洪退田还湖移民建镇若干规定》（省政府令第102号）等一系列文件，经过3年多的努力，取得了显著成效。一是工作总体进展顺利。已完成移民建房总任务的75.8%，拆除旧房完成总任务的73.93%，已组织对第1、2期移民建镇工程进行验收，第3、4期移民建镇工程也在抓紧扫尾；二是社会经济效益巨大。城镇化进程加快，湖区农村人居环境得到了根本改善，面貌发生了巨大变化，二、三产业得到发展，经济迅速恢复；三是干部群众衷心拥护。湖区干部群众一致称赞平垸行洪、退田还湖、移民建镇是一项功在当代、利及千秋的伟业，以往政府的工作一年四季围着洪水转，消耗了大量的人财物力，现在可以把精力用于发展生产、增加收入、改善环境上来，湖区群众得实惠，干部群众精神面貌有了很大改观。

《调研报告》中也如实反映了存在的问题，主要有：一是县、乡两级普遍存在大量滞压资金现象，使移民不能及时领到建房补助。如都昌、星子、波阳、余干等县移民建镇资金大量滞压在财政专户上，而有的移民建房却因种种原因未能及时领到补助资金，导致建房户负担较重；二是乡村两级巧立名目，随意克扣补助资金，有的甚至以物抵钱，移民怨声载道。如有的在移民建房补助资金中代扣农业税、乡统筹、村提留及建筑业营业税，移民拿到手的钱比补助标准少1000～3000元，有的建房补助不发钱而发给砖票、钢筋票、水泥票，且价格比市场价贵，移民有意见；三是基础设施配套资金大部分被用在了中心集镇和示范点，其他基层移民点基础设施条件仍然很差。如有的集镇和示范村水、电、路、通信等设施较齐全，而一些移民点则是“路不平、灯不明、水不畅”，与示范点形成强烈反差；四是简单“就地后靠”多，集中建镇比重低。调查发现，除波阳县80%的移民集中安置在集镇和中心村外，其他几个县“就地后靠”比重较大，有的新村规模只有十几户、三十几户，甚至连在一起但形不成规模，无助于推进农村城镇化进程；五是平退圩堤的工程措施大部分没有实施。双退圩堤基本维持现状，单退圩堤大多进行了加高加固，如遇洪水，平退的圩堤将难以发挥蓄洪调洪的作用；六是平退圩垸内耕地农业税减免没有落实。虽然省政府明确规定免除双退圩堤内的耕地农业税，但调查发现没有一个县、乡执行了这一规定，农业税费负担年年增加。

《调研报告》还就此提出了以下几点建议：一是加强督促检查，确保国家补助资金尽快下发到移民手中；二是着手研究制定国家对农民进行直接补贴的资金发放方法，最好是通过银行直接发放给农民个人；三是结合农村税费改革，减免平退圩垸内耕地的农业税费；四是加快落实平退圩堤工程措施的实施步伐；五是加大对村镇规划建设管理的力度。

《调查日记》则详细记录了调查组每天的所见所闻，自永修县开始，至余干县结束，深入到那个乡、那个移民建镇点，进了那户农家、与什么人交谈过、反映了什么问题，有什么意见和建议等一清二楚。国家最高机关工作人员这种深入基层访民情、察民意的作风着实让人敬佩。

2002年4月14日，朱镕基总理在《调研报告》上批示："请春正、怀诚同志阅处。并送建柱、智权同志，滞压、克扣、挪用国家资金是腐败行为，花钱而不平垸，退田还湖等于空话。"4月16日，时任副总理温家宝批示："请培炎、春正、刘江同志参阅。附我在2月21日的批件，望统筹考虑。"温家宝副总理2002年2月21日在《国家计委关于江西省都昌县大树乡虚报冒领移民建镇资金问题的调查报告》上的批示为："要全面了解移民建镇工作的进展情况和存在的问题，进一步完善政策措施，使这项工作健康进行。请计委酌处。”

收到国务院办公厅转来国务院领导的批示及相关材料后，省委、省政府领导高度重视，省委书记孟建柱亲自过问，2002年4月23日省长黄智权作出批示：“凌副省长：总理的批示十分重要，严肃指出了我省平垸行洪、退田还湖、移民建镇工作中存在的突出问题。必须立即采取切实有效的措施，解决这些问题。请召集有关部门研究措施，对滞压、克扣、挪用资金的行为立即纠正，并追究责任；对平退圩堤的工程措施，要逐条落实。”

为迅速传达贯彻国务院领导对我省平垸行洪、退田还湖、移民建镇工作的重要批示精神，进一步研究部署加强全省移民建镇资金管理、落实平退圩堤工程措施等项工作，2002年4月29日省政府在南昌召开全省移民建镇工作会议，黄智权省长、凌成兴副省长到会讲话。

黄智权省长在讲话中强调，各地要深刻领会国务院领导的重要批示精神，认真整改移民建镇工作中存在的突出问题，全面完成全省移民建镇任务。他指出，江西省的移民建镇任务占湖北、湖南、江西、安徽四省总数的1/3强，这充分体现了党中央、国务院对江西人民的亲切关怀。通过滨湖地区各级党委、政府和广大人民群众的共同努力，江西省移民建镇工作取得了很大的成绩，但也存在不少问题，有些问题令人触目惊心！国务院办公厅的调研报告将问题归纳成六个方面，这些问题虽然出自永修等6县，但在其他县（市、区、场）带有一定的普遍性。他要求这次会议回去后，凡有移民建镇任务的县（市、区、场）迅速传达贯彻朱镕基总理、温家宝副总理的重要批示精神，认真查摆移民建镇工作中存在的问题，对滞压、克扣、挪用资金的行为立即纠正，对相关责任人要严肃查处，决不能心慈手软；平退圩堤的工程措施，请省水利厅逐条进行检查落实，限期完成，决不能让平垸行洪、退田还湖成为一句空话。他希望滨湖地区广大干部群众再鼓干劲，排除困难，扎实工作，打好移民建镇攻坚战，按照国家的要求全面完成移民建镇任务。

凌成兴副省长在讲话中要求大家回去后立即召开党政联席会议，原原本本传达朱镕基总理、温家宝副总理的重要批示，原原本本传达黄智权省长的重要讲话，原原本本传达国务院办公厅的调研报告。他指出，会前经省政府研究，决定对永修等6县派出由省市联合组成的移民建镇整改督导组，督促当地认真抓好移民建镇整改工作，其他未派整改督导组的由各县市区自己安排。关于整改工作，他要求全面对照，突出重点，严肃查处。要对照调研报告一项一项整改，一条一条落实。要突出资金管理、拆除旧房、平退圩堤这三项重点工作，下决心把滞压的资金降下来，把克扣的资金退回去，把挪用的资金追回来，集中力量打好拆除旧房攻坚战，落实平退圩堤的责任措施，对存在的问题要严肃认真予以查处。他还就全面完成移民建镇任务等问题进行了部署。

这次全省移民建镇会议后，各地迅速行动，先后召开了党政联席会和全县移民建镇工作会议，就如何贯彻落实朱镕基总理、温家宝副总理的重要批示精神，结合本地实际，认真研究制定了整改方案，从计划、水利、建设、审计、财政、纪检、监察、移民建镇办等部门抽调人员组成工作组下到各乡镇，对国务院办公厅调查组指出的问题逐一进行了查处和整改。由省计委、审计厅、财政厅、监察厅、建设厅、水利厅分管领导任组长的省市整改督导组放弃“五一”休息，于2002年4月30日全部下到县，督促各县开展工作。通过一个月的调查整改，国务院办公厅调研报告和调查日记中所反映的问题已基本查清，整改基本到位。通过整改，永修等6县共下拨滞压资金20947万元，退回违规资金875万元，追回挪用资金195万元，查处违纪案件43起，共有57人受到党纪、政纪处分直至追究刑事责任。

在全省移民建镇工程即将结束的2005年，省审计厅按照省政府领导的指示，组织力量对都昌、湖口、星子、彭泽、永修、九江、瑞昌、庐山、鄱阳（原波阳县）、余干、弋阳、新建、进贤、云山、康山、共青等16个县（市、区、场）1～4期移民建镇竣工决算进行了一次全面审计，仍发现了不少问题，主要有：虚报冒领及买卖移民建房指标（尤其是县城移民小区）、挤占挪用克扣移民建镇资金、移民旧房拆除不彻底、基础设施建设工程未按规定进行招标、平垸行洪工程项目管理有漏洞等等，有些问题仍然触目惊心！省审计厅及时给各县下达了审计决定，省移民建镇工作指挥部要求各地认真组织整改，并派出纪检监察组查处了一批典型案件。江西强有力的移民建镇监督工作，给移民建镇资金管理上了“紧箍咒”，基本保证了移民建镇资金的安全运行，该项工作也得到了国家计委、财政部、国家审计署等部委的肯定。

第8章 整改验收

全省第一期移民建镇工程基本完成后，省移民建镇工作指挥部开始部署对全省移民建镇工程的整改与验收工作。经省政府同意，2000年3月，省移民建镇工作指挥部印发了《江西省第一期移民建镇工程省级验收考评方案》和《江西省第一期移民建镇资金审计实施方案》。

《江西省第一期移民建镇工程省级验收考评方案》明确提出了验收考评的具体内容：一是核点建房数量。按照省下达的移民建镇计划和各县上报的移民建镇布点表，到点上逐户清点移民建房数量，核定建房总数及建房有关情况；二是抽查六项情况。随机抽查10%的移民建房对象，了解其是否确属移民建镇对象、补助资金是否按规定足额领取、新房质量是否合格、是否搬迁入住、旧房是否拆除、宅基地是否交回集体，移民建镇点是否严格执行规划，基础设施是否做到水到家、电入户、路平整、排水畅，所有基础设施是否按规定进行设计、招投标、委托质监和验收，圩堤是否实施平退措施；三是单独审计资金。由省审计厅负责组织对每个县（市、区、场）进行移民建镇资金审计；四是全面总结表彰。验收考评工作结束后，由省移民建镇工作指挥部向省政府写出专题汇报，并组织总结表彰。省级验收组由省移民建镇工作指挥部成员单位及南昌、九江、上饶三地（市）相关单位派员组成，凡移民建镇任务在1万户以上的县要求由分管厅领导带队，其他县由一名处级领导带队，验收前组织验收组成员进行培训，统一验收标准和要求。验收后按省里规定的考评标准对各县的移民建镇工作进行考评，考评按百分制进行，得分在90分以上的为合格，75分以上的为基本合格，其余为不合格。考评验收步骤为：先由各县（市、区、场）收集整理好相关资料，并进行自查自验；后由省级验收组进驻该县验收考评。

2000 年 4 月 7 日 27 日，省移民建镇工作指挥部从省、地（市）、县共抽调 120 多人组成 31 个验收考评组，分别对 24 个县（市、区、场）第一期移民建镇工程进行省级现场验收考评。此前于 4 月 6 日组织对验收人员进行了一天的集中培训。随后验收组成员深入有移民建镇任务的县、乡镇，走村串户，分别对 37 个集镇、150 个中心村、856 个基层村的 11.5 万户移民建镇情况进行了全面认真查验，清点建房数量，核查六项情况，初步完成了现场检查验收工作。

在第一期移民建镇验收考评过程中，验收组的同志工作非常辛苦，白天下移民建镇点清点建房数量、验收基础设施项目，晚上听取汇报、查阅相关资料，他们目睹了大规模移民建给灾区带来的变化，见证了通过广大干部群众努力各地第一期移民建镇所取得的丰硕成果，也发现了一些存在的问题，同时提出了整改意见。

波阳县是全省第一期移民建镇任务最重的县，验收组由省建设厅分管领导带队，共 24 人分成 8 个小组进行，经过 20 天的紧张工作才基本完成验收考评任务。验收组在对该县反馈验收意见时的总体评价是：任务艰巨、领导有力、成绩很大、问题不少、亟须整改。所谓任务艰巨，是指该县第一期共有移民建镇任务 32062 户，约占全省 1/4，涉及 19 个乡镇、13.2 万人，在全省乃至全国是任务最重的县，在经历 1998 年特大洪涝灾害，百废待兴、百业待举的情况下，开展大规模的移民建镇工作其难度是可想而知的。所谓领导有力，是指县委、县政府及有关乡镇党委、政府按照党中央、国务院和省委、省政府的要求，制定和采取了一系列办法和措施，成立了由 10 名县级领导任正副指挥长的县移民建镇指挥部，召开了上百次移民建镇会议，颁发了一系列管理办法，明确规定乡镇党委书记、乡镇长为第一责任人，积极组织开展移民建镇工作。所谓成绩很大，是指该县通过广大干部群众近两年时间的努力，已有27861户移民建好一层房屋，已有24105户移民搬进了新居，平退圩堤基本符合要求，一批新型示范村镇已初具规模，而且在移民建镇过程中也涌现了一些好的典型。所谓问题不少，一是发现部分移民对象不实，有立假户的、有虚设户的、有买卖指标的；二是发现移民建房补助资金被挤占、挪用、克扣、冒领的；三是发现基础设施建设管理混乱、未按规定招标及违反财务管理规定、“打白条”支付工程款的；四是全县仍有3353户移民建房未开工或未完工，占全县任务的10.46%；五是移民建镇资料不够齐全，拆除旧房仍不够到位。针对下一步波阳县的移民建镇整改工作，验收组提出了四条建议：一是必须从速整改，纠正补救存在的主要问题；二是必须从重处理，追究相关人员的具体责任；三是必须从严整顿，扭转基层干部的不实之风；四是必须从“三讲”高度，总结反思县里工作的不足。

现场验收结束后，省移民建镇办负责同志将波阳县验收情况向省政府领导进行了书面与口头汇报，舒圣佑省长阅后“忐忑不安”，立即作出批示，要求波阳县迅速组织整改；凌成兴省长助理也就波阳县的整改工作提出了具体要求。省领导的批示和验收组的反馈意见在波阳县引起了很大震动，县委、县政府立即召开会议，研究落实整改措施，县主要领导表示，一定要按照省领导和验收组的要求，扎实抓好整改工作，迅速扭转波阳移民建镇形象。县里抽调力量组成工作组，深入有问题的乡镇督促整改、查处相关问题，本着“有错就改、有罪就抓、严字当头、把好事办好”的态度，对发现的问题逐项进行核查，并追究相关责任。力求做到移民对象、特困户、土地平整账目“三公开”，违规指标、违规款项、滞留资金“三追回”，移民对象、资金发放、旧房拆除“三改正”，平圩、责任、奖罚“三到位”。通过整改查处，全县共纠正违规移民建房指标413户，收回违规发放补助资金156万元，退回违规收取的资金118万元，62名乡、村党员干部受到党纪政纪处分直至追究刑事责任，其中依法刑拘 6 人，逮捕 3 人。通过认真扎实的整改，该县移民建镇工作出现了三个明显变化：一是建房扫尾进度明显加快，基本完成第一期移民建房任务；二是群众情绪较为稳定，举报上访现象明显下降；三是各项工作得到巩固提高，制度更加完善，纪律更加严明。

通过认真组织对第一期移民建镇工程进行验收考评，基本掌握了全省移民建镇工作的实际情况，促进了工程的扫尾以及对存在问题的整改，巩固了移民建镇成果。

在认真总结对全省第一期移民建镇工作进行验收考评工作的基础上，2001 年 7 月，省移民建镇工作指挥部印发了《江西省第二、三期平垸行洪退田还湖移民建镇省级验收检查方案》，部署对全省第二期移民建镇工程进行验收和对第三期移民建镇工作进行检查。

第二期移民建镇验收工作的总体要求是："建新房、拆旧屋、能行洪、不返迁"；具体做法是：核查档案资料，清点建房数量，检查六项情况、单独审计资金。由省市有关部门派员组成 18 个省级验收组，要求在 2001 年 12 月底前完成省级验收工作。验收组同时对第三期移民建房情况进行检查，重点检查移民建镇点规划编制情况、落实移民对象情况、逐户清点移民建房户的墙基，查验是否全面启动第三期移民建镇工作。

2002 年 3 月，省移民建镇工作指挥部又印发了《江西省第三、四期平垸行洪退田还湖移民建镇工程省级验收方案》，明确验收的总体要求是："新房建成、旧屋拆除、搬迁入住、资金发完、圩堤平退、设施配套"；具体做法是：核查档案资料，清点建房数量，检查六项情况、单独审计资金。仍由省市有关部门派员组成了 18 个省级验收组，要求在 2002 年 10 月底前完成省级验收工作，11 月开始迎接国家或省组织的 1 至 4 期移民建镇工作总体验收。

2003 年 5 月，省移民建镇工作指挥部印发了《关于搞好全省平垸行洪退田还湖移民建镇工程总体验收工作的通知》。《通知》明确：平垸行洪、退田还湖、移民建镇是党中央、国务院的一项英明决策，是“三个代表”重要思想的具体体现。中央财政投巨资在江西等四省实施平垸行洪、退田还湖、移民建镇工程，就是要让滨湖地区广大人民群众彻底摆脱水患，恢复自然面貌，保护生态环境，提高生活水平，全面建设小康社会。必须本着对中央高度负责、对历史高度负责、对人民高度负责的态度，切实把该项工作抓紧抓好。鉴于该项工程投资额大、涉及面广、周期较长、情况复杂，为进一步掌握全省情况，确保任务的全面完成，迎接国家有关部委的检查验收，组织对各县（市、区、场）1～4 期平垸行洪、退田还湖、移民建镇工程的总体验收非常必要。要通过总体验收，1～4 期平垸行洪、退田还湖、移民建镇任务全面完成，基础资料全部整理归档，相关问题基本处理完毕，平垸行洪、退田还湖、移民建镇的总体情况准确掌握，各项工作基本结束。总体验收着重对建设工程扫尾、平退圩堤、拆旧还基、土地确权、资金管理、资料归档、遗留问题的妥善处理等方面的工作进行检查，以期达到全面结束平垸行洪、退田还湖、移民建镇工作的目的。总体验收以各县（市、区、场）组织进行自验为主，省里将组织人员对各地的自验情况进行检查，经检查达到验收要求的，由省移民建镇工作指挥部核发《江西省平垸行洪、退田还湖、移民建镇工程总体验收合格证》。

按照省移民建镇工作指挥部的部署，各地在认真抓好 1～4 期移民建镇工程扫尾与验收的基础上，集中力量搞好总体验收，着重是拆除旧房、审计资金、资料归档和妥善处理好遗留问题。

2004 年是全省移民建镇工作全面扫尾之年。2 月，省移民建镇工作指挥部下发了《关于抓好 2004 年全省移民建镇扫尾工作的通知》，要求“集中三个月、全力交总账”，全面完成移民建镇任务。切实抓好“三个扫尾”、提高“五个水平”，即抓好建房拆旧的扫尾、平退圩堤的扫尾、资金拨补的扫尾，提高移民的致富水平、基础设施的配套水平、村镇的管理水平、移民的安居水平、土地的利用水平。

对移民建镇任务较重和问题较多的县，这一年的工作也并不轻松。如波阳县针对移民建镇点基础设施建设遗留的问题，组织县建设局、交通局、供电局、水利局等单位的同志深入乡镇督促指导，帮助解决工程收尾、质量验收、资金结算、资料归档等问题，并集中力量抓好县城城北“百亩千户”移民小区工程的建设，县档案馆派出专人协助移民建镇办规范移民建镇档案的整理，全力以赴抓好工程扫尾和总体验收工作。都昌县针对群众反映部分进入县城移民小区移民的身份问题，组织审计、监察、财政、公安、农业、水利等部门的同志逐户进行核实，纠正了102户违规享受移民建房指标的行为，同时抓紧完善了移民建镇（村）的基础设施配套建设，改善移民居住环境。余干县在处理移民建镇遗留问题上动真格，纠正了数起虚报冒领移民建房指标行为，加大了拆除旧房力度，抓紧完成平退圩堤的工程措施。通过努力，大多数县在2004年底前通过了1～4期移民建镇工程的总体验收。

大规模的移民建镇期间，国家有关部委多次派员深入江西调研、检查指导工作，并指导移民建镇工程验收。2003年1月，建设部发出通知，要求各有关省对移民建镇工作进行全面检查总结，并由城乡规划司副司长、村镇建设办公室主任李兵弟带队深入我省波阳、彭泽、瑞昌等县（市）验收检查移民建镇工作。检查组认为，江西省的移民建镇工作成绩是巨大的，圆满地完成了各项任务，省建设厅强化了对移民建镇规划建设的管理，有制度、有检查、有督促、有整改、有档案记载，与平垸行洪、退田还湖、移民生计等一系列工作结合得较好，为各省的移民建镇工作摸索了大量的经验。在充分肯定成绩的同时，检查组也指出了存在的问题，并提出了下步工作的建议。2003年7月，根据国务院领导的指示，国家发改委、农业部、建设部、水利部、国土资源部联合组成检查组，对我省移民建镇工作进行调研和全面检查。检查组听取了江西全省平垸行洪、退田还湖、移民建镇工作汇报后，还深入到了永修、星子、庐山、瑞昌、湖口、都昌、波阳等7个县（市、区）的30多个移民建镇点，实地察看平退圩堤、移民建房和基础设施建设情况，了解移民生计等问题，与省、市、县、乡、村干部和部分移民进行了座谈，并就做好移民建镇工程检查总结与整改验收工作提出了指导性意见。

第9章　总结表彰

为认真总结经验、鼓舞斗志，在第一期移民建镇工程基本完成的2000年6月3日，省委、省政府在南昌召开了全省第一期移民建镇工作总结表彰大会，省委书记舒惠国、省长舒圣佑、省委副书记黄智权、钟起煌、步正发、省人大常委会副主任华桐、省政协副主席江国镇、省长助理凌成兴等省领导及有关地（市）、县（市、区、场）和省直单位负责人、受表彰的先进单位和个人代表共200多人出席会议。会议由省委副书记、常务副省长黄智权主持，舒惠国、舒圣佑、凌成兴等省领导讲话。会议对全省第一期移民建镇工作进行了认真总结，并以省政府名义对10个移民建镇工作先进单位、以省移民建镇工作指挥部名义对123名移民建镇工作先进个人和26位勤劳致富标兵进行了表彰。

受表彰的先进单位是：余干县、都昌县、南昌县、弋阳县、铅山县、新建县、星子县、九江县、永修县和恒丰垦殖场。

受表彰的先进个人有：阎钢军、徐秋菊、徐信达、胡邦金、余美文、舒长根、钟声浪、程宣华、倪新华、李雪松、廖小华、唐从根、陈明生、黄春华、王桂生、董学煌、刘金明、黄少华、罗卖九、石水平、尹大壮、沈阳、程运钦、饶金星、曹日新、李文达、乐正林、陈德军、吴冬生、郑通、黄水良、方正平、司德裕、谭彩贵、吕天泉、陈锦辉、江波、刘长寿、王锡登、陈子峰、陈崇让、卢雨林、余胜华、汪祖贤、虞毅、杨友盛、李铿、万新民、黄细苟、熊昌、陈文、雷国平、冯帮银、赵德运、戴俭、江运林、戴建国、陈志民、陈兴如、万隆义、周希恭、彭幼春、伍国文、张仁贵、吕晓明、周斌、钱和平、谢安、吴炜峰、曹大勇、宋和法、陈长荣、卢永红、黄建成、胡伟、吴德先、刘德年、曹自文、王光辉、周晓林、彭敏红、张芳远、宋国保、施教洲、廖金桂、余兴凑、张金发、周爱平、陈康、周忠和、黄振成、洪饶松、利盛生、郁家仁、郭云伍、赖斯兴、汪嘉栋、徐李全、彭以贵、胡逢星、罗小云、郭金根、胡克贤、叶荣华、张圣泽、陈文生、宋雷鸣、涂水泉、罗诗毅、姜海全、齐虹、陈荣、钟宪明、李道鹏、王纪洪、谢桦、刘雁翎、向仲平、熊峰、胡冰、曾宝芽、熊丹、张家刚。

舒惠国书记在会上指出：在党中央、国务院的亲切关怀下，经过全省滨湖地区各级党委、政府和广大人民群众一年多的共同努力，我省大规模的移民建镇工作取得了很大成绩，全省第1期11.5万户的移民建镇任务基本完成，一大批跨世纪的社会主义新型村镇初步建成，广大移民建镇工作者用辛勤的汗水筑起了一座历史丰碑。他强调，要按照“三个代表”要求，进一步提高对移民建镇工作的认识。移民建镇是“三个代表”重要思想的具体实践，事关江西省滨湖地区的经济发展和社会稳定，事关百万灾民群众的切身利益，是一项带全局性的重要工作，要以对党、对人民、对历史高度负责的精神，增强搞好移民建镇工作的历史责任感和时代使命感，扎扎实实做好移民建镇工作；要按照“三个代表”要求，进一步加强对移民建镇工作的组织领导。要加强基层党组织建设和基层干部作风建设，各级干部要时刻把党和人民的利益放在首位，进一步转变思想和工作作风，全心全意为移民群众服务；要按照“三个代表”要求，进一步加强移民建镇中的思想政治工作。抓好宣传教育，树立先进典型，掌握政策界限，化解社会矛盾，为移民建镇工作提供强大的精神动力和思想保证。

舒圣佑省长在讲话中认真总结回顾了一年多来的移民建镇工作，他认为，江西在短短的一年多时间内全省新（扩）建了37个集镇、150个中心村、856个基层村，11.5万户移民建房任务基本完成，湖区60多万人将从根本上摆脱水患之苦，这在我省历史上是史无前例的。他指出之所以取得如此成绩，一是党中央、国务院和中央领导的亲切关怀，二是广大人民群众的衷心拥护和积极参与，三是各级党委、政府的正确领导和扎实工作。他要求认真分析研究问题，抓好当前移民建镇的几项重点工作。第一期移民建镇还有3%未开工建房、6%尚未完工，在移民对象、资金管理、拆旧还基、平退圩堤、移民生计等方面还存在不少问题，需要认真改进和加紧实施。首先要把移民致富工作放在首位，解决移民生计问题，实现移民能“移得出、稳得住、不返迁、能致富”；其次要把配套完善工作列为重点，抓紧完善公用基础设施，使之逐步配套，落实平退圩堤的工程措施，加快拆除移民旧房，将原宅基地收回集体并复耕；第三要把资金管理工作视为关键，要规范财务行为、健全会计账目、严格财务核算、认真组织整改存在的问题，严肃查处在移民建镇资金管理中出现的违纪、违规、违法行为。他强调要进一步提高认识，全面完成移民建镇工作任务。全省平垸行洪、退田还湖、移民建镇的目标任务已经明确，完成任务需要大家进一步提高思想认识，克服和防止松劲、畏难等不良情绪；切实加强组织领导，进一步加大移民建镇工作力度；继续落实好省委、省政府确定的移民建镇优惠政策，确保移民建镇各项工作落到实处。

凌成兴省长助理在会上全面总结了全省第一期移民建镇工作，他认为江西移民建镇有“三个史无前例”：即国家的补助资金史无前例、搬迁的移民规模史无前例、带来的综合效益史无前例。主要做法是“四狠、三依靠”：即下狠心抓工程进度、下狠心抓工程质量、下狠心抓资金管理、下狠心抓移民生计，依靠人民群众、依靠党的领导、依靠政策法规。他明确提出了下一步移民建镇的工作安排，即“抓好三项工作、主攻五个难点”：一是抓好第一期移民建镇的巩固工作，二是抓好第二期移民建镇的建设工作，三是抓好第三期移民建镇的规划工作；主攻拆除旧房的难点、平退圩堤的难点、移民生计的难点、基础设施的难点、土地管理的难点。他希望大家认真贯彻“三个代表”重要思想，乘这次总结表彰大会的强劲东风，发扬不怕疲劳、连续作战的精神，继续全力以赴、扎实工作，把我省平垸行洪、退田还湖、移民建镇工作推上一个新台阶。

通过认真总结经验、表彰先进，更加激发了我省滨湖地区广大干部群众的移民建镇工作热情，大家纷纷表示，要以“三个代表”重要思想为统领，按照中央和省委、省政府的要求，继续认真做好移民建镇工作，促进灾区经济与社会发展。

经过认真的总结与申报工作，2001 年 12 月，江西省第一期移民建镇项目荣获建设部颁发的首届“中国人居环境范例奖”。凌成兴省长助理应邀出席建设部召开的中国人居环境发展研讨会并作了《实施移民建镇工程，改善江西人居环境》的发言，获得了广泛好评。

经建设部推荐，省移民建镇办积极组织材料申报，并经相关专家评审，2002 年 6 月，江西省鄱阳湖地区灾后移民安置项目又获得了联合国人居署授予的“2002 年迪拜国际改善居住环境良好范例”称号。

2002 年 7 月 22～23 日，建设部在南昌召开安徽、江西、湖北、湖南四省移民建镇工作现场会，会议通报了朱镕基总理视察长江沿岸四省堤防及移民建镇的情况，总结交流了各省移民建镇规划建设管理经验，并就如何确保在年底前基本完成移民建镇任务进行了研究部署。建设部部长汪光焘、副部长傅雯娟，江西省省长黄智权、副省长凌成兴及国务院相关部委和四省建设厅领导出席了会议。

在全省 1～4 期移民建镇任务基本完成之际，2003 年 2 月 22 日，省委、省政府又一次在南昌隆重召开全省移民建镇工作总结表彰大会，省委书记孟建柱，省委副书记、省长黄智权，省委副书记、常务副省长吴新雄，省委副书记彭宏松，省政协主席钟起煌，省委常委、省委秘书长陈达恒，省人大常委会副主任钟家明、孙用和、朱英培，副省长凌成兴以及省直有关单位负责人和有移民建镇任务的南昌、九江、上饶三市（含所辖县、市、区、场）的代表 350 余人出席会议。会议组织代表参观了全省移民建镇成就摄影展览，宣读了《江西省人民政府关于表彰全省移民建镇工作先进单位和优秀个人的通报》，波阳等10个先进县（市）、南昌市移民建镇办等84个先进单位、利盛生等186名优秀个人受到了省政府的表彰。

此次受表彰的先进县（市）为：波阳县、都昌县、余干县、星子县、永修县、新建县、铅山县、弋阳县、湖口县、瑞昌市。

受表彰的先进单位是：南昌市移民建镇办、南昌县塔城乡人民政府、南昌县移民建镇办、新建县象山镇人民政府、新建县南矶乡人民政府、新建县移民建镇办、进贤县移民建镇办、进贤县前坊镇人民政府、进贤县三里乡人民政府、上饶市移民建镇办、波阳县莲湖乡人民政府、波阳县游城乡人民政府、波阳县响水滩乡人民政府、波阳县建设局、波阳县移民建镇办、余干县禾斛岭镇人民政府、余干县建设局、余干县监察局、余干县移民建镇办、万年县陈营镇人民政府、万年县梓埠镇人民政府、万年县移民建镇办、铅山县傍罗乡人民政府、铅山县新滩乡人民政府、铅山县移民建镇办、弋阳县南岩镇人民政府、弋阳县圭峰镇人民政府、弋阳县移民建镇办、横峰县上畈乡人民政府、横峰县移民建镇办、上饶县黄沙岭乡人民政府、上饶县移民建镇办、上饶市信州区茅家岭乡人民政府、九江市移民建镇办、九江市庐山区姑塘镇人民政府、九江市庐山区移民建镇办、永修县建设局、永修县重建办、永修县立新乡人民政府、九江县赛湖水产场、九江县新合镇人民政府、九江县移民建镇办、瑞昌市码头镇人民政府、九江市国营赛湖农场、瑞昌市移民建镇办、星子县建设局、星子县苏家当乡人民政府、星子县泽泉乡人民政府、星子县移民建镇办、德安县高塘乡人民政府、德安县丰林镇人民政府、德安县移民建镇办、湖口县审计局、湖口县马影镇人民政府、湖口县舜德乡人民政府、湖口县移民建镇办、彭泽县浪溪镇人民政府、彭泽县移民建镇办、都昌县徐埠镇人民政府、都昌县多宝乡人民政府、都昌县阳峰乡人民政府、都昌县移民建镇办、都昌县建设局、共青垦殖场甘露镇、共青垦殖场农业公司、省建设厅、省发展计划委员会、省水利厅、省交通厅、省国土资源厅、省审计厅、省监察厅、省农业厅、省教育厅、省林业厅、省卫生厅、省建材集团公司、省电力公司、省地方税务局、省冶金集团公司、省地质矿产勘查开发局、省移民建镇办、省农垦事业管理办公室。

受表彰的优秀个人有：利盛生、胡丽丽、汪昌生、万新民、高文辉、徐国强、刘小红、熊国爱、徐才保、余美文、夏云标、万庚辉、熊家芳、熊坚强、陶端栋、闵小保、詹碧涛、黄信红、蔡国奇、朱树坤、李荣华、陶武文、程国根、夏汉良、杜长印、余根林、万华庆、袁家纪、陆克祥、洪饶松、盛超、苏章锦、金洪章、王运礼、黄仁爱、胡岗、程建议、李雪、高志宏、金华、江云辉、谭彩贵、吕天泉、苏进鹏、陈锦辉、张爱兰、李海东、江军明、宋国宝、高丁山、陶杰峰、夏家明、刘树生、涂溢昌、陈德军、吴冬生、周晓林、鲍有根、叶安忠、周冬生、方正平、司德裕、黄杰、张松木、胡品鸿、黄水良、朱自永、张良水、李文达、黄振成、毛祖友、陈远平、叶大青、赖荷花、郭云伍、陈才敏、钱明亮、胡贤金、唐从根、卢才深、罗金荣、彭伦棠、刘小强、江运林、易显明、易晓华、龚全武、戴慧明、黄阳生、赵鸿林、聂志平、虞莉清、胡业颇、盛道林、涂令华、冯邦银、徐新安、徐建华、钟金勇、于进发、陈云滚、陈维坤、蔡灿峰、项龙、李晓桃、鲁星光、姜艳华、周金平、严由华、王芬、吴光明、岑发堂、段铁瑛、傅金林、陈翌鹰、刘宣传、周卫、谢小初、熊安珍、刘小平、张新初、尹大壮、陈胜云、王国继、吴其明、刘学军、路耕牛、石和平、罗杏全、黄国干、黄少华、廖鹤麟、曹达银、涂世勤、石纪繁、陈显山、刘胜利、袁阳根、熊晓春、袁兴春、朱希华、樊正龙、陈南山、李铿、赵海金、刘雪明、刘保应、李毅、谭新文、徐向荣、邱志伟、徐忠友、阮月远、周英雄、张志平、齐伟、钟冬苟、戴永华、张圣泽、陈文生、刘毅平、董永平、袁辉、张细根、刘宇华、王立、曾荣、孔志忠、涂斌、罗家猛、周媛娇、王剑、叶澄平、吴菊根、李燕、任东红、胡军、刘秋生、齐虹、聂新民、胡厚均、龚涛、刘雁翎、向仲平、张家刚。

省委书记孟建柱、省长黄智权、副省长凌成兴在全省移民建镇总结表彰大会上讲话。

孟建柱书记在讲话中充分肯定移民建镇是一项功在当代、利在千秋的民心工程，是党中央、国务院为根治长江流域水患、促进长江中下游地区经济社会发展、确保滨湖地区人民安居乐业而作出的一项重大战略决策。通过 4 年多的努力，全省共新（扩）建集镇 126 个、中心村 363 个、基层村 2097 个，基本完成了 22.1 万户的移民建镇任务，一大批新型社会主义村镇拔地而起，90 多万滨湖地区群众摆脱了洪涝灾害之苦，过上了安居乐业的生活。这充分反映了社会主义制度的优越性，移民建镇的确是一项民心工程、德政工程，是一件了不起的事业，是江西发展史上的一座丰碑。他指出，如此大规模的移民建镇工程在我省尚属首次，能取得这样的成绩，主要是政策措施有力，工作作风扎实，特别是一线干部，同广大移民群众一道，发扬伟大的抗洪精神，不怕吃苦，排难而进，连续作战，艰苦奋斗，谱写了许多动人篇章。他认为，移民建镇一个最大的特点，就是有效地把救灾、安居、致富、提高农民素质结合起来了，把物质文明建设和精神文明建设结合起来了，把社会效益、经济效益和环境效益结合起来了，是实践“三个代表”重要思想的具体体现。他要求各级党委、政府要克服松劲思想，善始善终抓好移民建镇扫尾工作，以更加务实的工作作风，尽快完成移民建镇工程扫尾任务；要切实巩固成果，下大力气搞好后续管理，围绕移民能够稳住、安居的基本目标，着力搞好基础设施配套建设，强化规划、建设和环境卫生等后续管理，为广大移民群众创造良好的人居环境。

黄智权省长的讲话对全省移民建镇工作进行了回顾，充分肯定了四年多来全省移民建镇工作所取得的成绩，指出这些成绩的取得，是在党中央、国务院的关切关怀下，在国家有关部委的关心和支持下，在省委、省政府和滨湖地区各级党委、政府的领导下，通过广大干部和移民群众的共同努力而实现的。实施大规模的灾后移民建镇工程在我省尚属首次，移民搬迁的规模、国家的补助资金以及所带来的综合效益是史无前例的。他认为：树立高度的政治责任感，是搞好移民建镇工作的前提；人民群众的积极参与，是完成移民建镇任务的根本；政策措施的优惠得力，是实施移民建镇工程的保证；职能部门的密切配合，是做好移民建镇工作的基础；广大干部的扎实工作，是取得移民建镇成果的关键。他要求认真抓好扫尾工作，全面完成移民建镇任务。尚未完成移民建镇任务的县（市、区）领导思想不能松懈，机构人员不能撤减，工作任务不能怠慢，保障措施不能削弱。要尽快完成工程扫尾任务，继续完善基础工作，切实加强后续管理。要在全省建成一批移民建镇示范点，树立一批社会主义新型农村的典范，带动全省村镇建设，促进我省农村奔小康的步伐。

凌成兴副省长作为省移民建镇工作指挥部的总指挥长，对全省移民建镇工作倾注了大量精力，他在讲话中全面总结了全省移民建镇工作，指出在省委、省政府的领导下，经过沿长江鄱阳湖地区各级党委、政府和广大干部群众四年多时间的艰苦努力，我省移民建镇工作已取得了巨大成就。全省1～4期移民建镇共新（扩）建集镇126个，中心村363个，基层村2097个，涉及22.1万户、90.82万人的移民建镇工程基本完工，基础设施基本配套。我省移民建镇获取的国家补助资金是史无前例的，搬迁的移民规模是史无前例的，带来的综合效益是史无前例的。通过移民建镇在沿长江鄱阳湖地区的广大农村实现了三个历史性的新跨越：

一是规划设计的新跨越。早在移民建镇之初，省政府就明确提出要抓好移民建镇的选址布点和规划设计，引导移民迁村并点，多建集镇、中心村，少建基层村和后靠点，要求“无规划不准建设，无设计不准施工”。要求移民建房做到统一规划、统一放线、统一监控；自选房型；美化房屋外观、绿化村镇环境。由于狠抓了规划设计工作，几乎所有的移民建镇点都一改过去农村建房打罗盘、看“风水”，朝向随心所欲，道路高低不平，村镇杂乱无章的局面，一排排整齐划一的新房拔地而起，一个个社会主义新型村镇相继建成，全省2500多个移民建镇点的建设上了新的档次，有了新的跨越。带动和促进了全省村镇规划建设工作。

二是基础设施的新跨越。配套完善的基础设施，是现代化村镇建设的重要标志。过去的农村缺水少电、路不平、灯不明、排水不畅、基础设施简陋，出门“晴天一身灰、雨天一身泥”。通过移民建镇，各级政府共投资7亿多元用于完善基础设施，主攻水、电、路，配套建设学校、医院、敬老院、邮政、电信、绿化、环卫等设施，极大地方便了移民群众的生产和生活。许多集镇、中心村新修了水泥路，村民用上了自来水，安装了电话和闭路电视，就近解决了小孩上学和就医问题，群众对此非常满意。据初步统计，全省移民建镇点共新建道路2270万m^2，其中硬化路面120万m^2，新增自来水日供水能力15万t，新增绿地面积220hm^2，人均道路面积达25m^2，高于全省村镇平均水平。

三是人居环境的新跨越。过去由于大规模的围湖造田，使鄱阳湖周边生态环境遭到破坏，行蓄洪面积缩小，湖区湿地锐减，血吸虫病盛行，十年九灾，广大群众淹苦了、淹穷了、淹惨了、淹怕了，有相当一部分农民群众生活在贫困线以下。移民建镇让22.1万户移民告别了低矮潮湿的小平房，住进了宽敞明亮的新楼房，人均住宅建筑面积由原来不足20m^2提高到了27.7m^2，居住条件大为改善，且远离了水患，血吸虫病的感染得到了有效的控制，有利于提高广大湖区农民的健康水平。通过实施平垸行洪、退田还湖、移民建镇，将使鄱阳湖的行洪面积由3900km^2增加到5100km^2，蓄洪容积由298亿m^3增加到359亿m^3，基本恢复到1954年的水平。如今滨湖地区低洼地带的人搬了、田退了、湖宽了、水清了、草绿了、山秀了、鸟来了，生态环境发生了巨大变化。

他将全省移民建镇工作的基本做法归纳为“六个狠抓”：一是狠抓宣传发动。为使党中央、国务院有关灾后重建、治理水患的政策深入人心，省委、省政府决定从省、市、县抽调万名干部组成工作组，深入灾区做群众工作，广泛开展“三个宣传”：即宣传党中央、国务院对江西人民的亲切关怀，增强凝聚力；宣传中央“32字”指导方针，增强说服力；宣传移民建镇的优惠政策，增强吸引力。同时讲清“两个态度”：第一是千载难逢不错过机遇；第二是说服引导不强迫命令。在认真做好宣传动员工作的同时，省里明确了移民建镇的八条优惠政策，涉及移民建房的规费能免则免、能减则减，大大减轻了移民建房户的负担；二是狠抓进度质量。移民建镇伊始，省里就提出了“三统一分两严格”的原则：即统一组织规划设计、统一组织施工队伍、统一组织建筑材料；分户建设和结算；严格质量监督、严格资金管理。其核心是分户建设，不搞统包统建。这样做有效地防止了工程承包中的腐败行为，保证了建房质量，调动了移民建房的积极性。为加快移民建镇进度，各地着重抓开工准备、抓“三个到户”（指标落实到户，宅基地分配到户，补助资金发放到户）、抓协调服务。省里先后6次召开现场会，推广星子、南昌、余干、永修、波阳、都昌、九江等县的经验和做法，督促各地加快移民建镇进度。在抢抓工程进度的同时，各地始终把工程质量摆在首位，强调进度服从质量，做到质监人员落实、质量责任落实、验收制度落实。通过一系列措施确保了移民建镇的工程质量；三是狠抓资金管理。资金管理是移民建镇工作的核心，省政府主要领导在多次会议上强调移民建镇资金是“高压线”，省政府先后4次召开强化移民建镇资金管理的会议。省计委和省财政厅分别下发了移民建镇资金管理办法，省里专门成立了“移民建镇工作监督小组”，省有关部门分别对资金管理使用情况进行了9次较大范围的专项检查。4年多来，各级纪检、监察部门和司法机关严肃查处了317起违规违纪案件，退回违纪资金1637万元，共有363名党员、干部受到党纪、政纪处分，有 15 人被追究刑事责任；四是狠抓平退圩堤。为确保计划内圩堤的平退，省政府规定单、双退圩堤必须采取工程措施分蓄洪。根据国家有关部门的要求，省水利厅编制了《江西省平垸行洪、退田还湖工程措施总体实施方案》，确定全省共需实施工程措施的平退圩堤 418 座，其中双退圩堤 184 座，单退圩堤 234 座。省里先后转拨国债资金 1.79 亿元，用于实施平退圩堤工程措施。通过平退圩堤，基本达到了分洪要求；五是狠抓拆除旧房。移民建好新房、拆除旧房，是巩固移民建镇工作的关键环节。省里对拆除旧房的态度是坚决的，措施是强硬的，规定凡有移民建镇任务的地方，必须将移民建房户的旧房全部拆除，方可通过省组织的验收。各地在拆除旧房过程中，充分运用行政、经济、法律等手段，坚决拆除移民旧房。各地通过“宣传动员引导拆、党员干部带头拆、资金挂钩督促拆、诉讼法律强制拆”，有效地保证了移民旧房的全面拆除；六是狠抓移民生计。解决移民生计事关平垸行洪、退田还湖、移民建镇的成败，事关移民的安居乐业和灾区的长治久安。移民建镇刚开始时，省委、省政府就提出了“四个结合”：即“恢复与发展结合，当前与长远结合，治穷与致富结合，治标与治本结合”，并制定了“一年安置，二年恢复，三年发展”的总体目标，各地结合实际，积极探索解决移民生计的途径，通过改革耕作制度、发展避洪农业、水产养殖业、生态农业和畜禽养殖业、扶持农产品加工业、引导有条件的农民进入小城镇发展二三产业以及外出务工经商等措施，解决移民生计问题，从而使移民真正移得出、稳得住、能发展、不返迁。省里还通过抓典型、树样板，评选“移民建镇勤劳致富标兵”，带动其他移民走共同致富之路。

他认为，通过“六个狠抓”，较好地完成了移民建镇工作任务，创造了江西移民建镇工作的新特色。主要体会可归纳为“发挥五个作用”：一是充分发挥移民群众的主体作用。广大群众是移民建镇的主体，只有充分发动和依靠广大移民群众，移民建镇才有坚实基础和强大动力。在 1～4 期移民建镇工作中，各地坚持把“分户建设和结算”原则贯穿于全过程，鼓励群众自力更生、自主建房，极大地调动了移民群众的建房积极性。通过做过细的群众工作，广大移民抛弃了“故土难离、故居难舍”的思想，对移民建镇迸发极大的热情，自觉服从政府的安排，建新房拆旧屋，从而保证了大规模移民建镇任务的完成。二是充分发挥各级党政的领导作用。要搞好移民建镇工作，领导是关键。省委、省政府和滨湖地区各级党委、政府都非常重视移民建镇工作。省委书记孟建柱、省长黄智权及其他省领导多次深入移民建镇点调研慰问，并就抓好这项工作作出许多指示。省委、省政府先后召开了18次全省性移民建镇会议，研究、部署各个时期的移民建镇工作。各有关市、县（区）党委政府把移民建镇工作作为一项功在当代、利在千秋的政治任务来完成，实行一把手负总责、分管领导具体抓，层层签订责任状，一级抓一级，一级对一级负责的领导责任机制，有力地推动了移民建镇工作。三是充分发挥政府部门的职能作用。移民建镇规模大、范围广、环节多，涉及方方面面。省计委、财政、建设、水利、国土资源、交通、农业、审计、纪检监察、电力、教育、卫生、地税、林业、农垦、冶金、建材、地矿局等18个部门参与了此项工作，组成了省移民建镇工作指挥部，并分别抓点指导。各部门勇挑重担，经常深入灾区督促检查、指导移民建镇工作，还抽调人员组织参与1～4期移民建镇工程省级验收。各部门之间做到相互支持、相互配合，按照各自的职责分工共同抓好移民建镇工作。四是充分发挥广大干部的骨干作用。在四年多移民建镇工作期间，全省共有2万多名干部投身于轰轰烈烈的移民建镇工作之中，在沿长江、鄱阳湖地区从东到西、从南到北近4万km^2的土地上，处处都成了移民建镇的战场，处处都有基层干部的身影。在这特殊的战场上，广大基层干部为了90多万人的大搬迁，不知跑了多少路，磨了多少嘴，吃了多少苦，流了多少汗，受了多少累。他们工作不分白天黑夜，牺牲了大量的节假日，奋战在移民建镇第一线，打了一个又一个的漂亮仗，谱写了一曲又一曲动人的凯歌，涌现了一批又一批的先进人物。五是充分发挥政策法规的保障作用。早在移民建镇之初，省委、省政府就制定下发了《关于灾后重建、根治水患的决定》，确定了“三统一分两严格”的建设原则、8条优惠政策和“以地换地、统一调剂、适当补偿、提倡友谊”的用地办法。为使移民建镇工作有法可依、有章可循，在认真总结经验基础上，2000年12月，省政府出台了《江西省平垸行洪退田还湖移民建镇若干规定》，即省政府102号令，使我省移民建镇工作逐步走上了法制化、规范化的轨道。各地按照省委、省政府确定的政策，结合当地实际完善了相关政策措施，这一系列政策措施的贯彻执行对移民建镇工作的顺利进行起到了保障作用。

对今后的移民建镇工作，凌成兴副省长在这次会上也作了全面部署。他指出，全省声势浩大的移民建镇任务已基本完成，但是还需要做许多扫尾的工作、完善的工作、巩固的工作、提高的工作，任务仍非常艰巨。归纳起来是着力抓好“三个扫尾”、提高“五个水平”：即抓好建房拆旧的扫尾工作，抓好平退圩堤的扫尾工作，抓好资金拨补的扫尾工作；提高移民的致富水平，提高基础设施的配套水平，提高村镇的管理水平，提高移民的安居水平，提高土地的利用水平。

这次会议以后，各地按照省委、省政府的要求，继续抓好移民建镇的各项扫尾工作，致力提高管理水平，造福移民百姓。

2004年5月20日，凌成兴副省长应邀赴上海国际会议中心出席“亚太地区城市信息化论坛第四届年会”，在会上作了题为《移民建镇立丰碑、人居环境大改善》的发言，并参观了在上海展览中心举办的江西移民建镇成就展。上海市市长韩正、副市长杨雄会见了凌成兴副省长一行。

第10章　后续管理

已进行了五年多大规模的、轰轰烈烈的移民建镇工程虽然已接近尾声，但江西省委、省政府领导清醒地认识到：要确保移民能“移得出、稳得住、能发展、不返迁”，仍有大量的后续管理工作要做。

2004年5月，省政府办公厅转发了省移民建镇办《关于认真做好移民建镇后续管理工作的意见》。

《意见》认为，移民建镇是一项民心工程、德政工程，是贯彻落实“三个代表”重要思想的具体体现。通过移民建镇，湖区广大移民住进了新房，免受长期以来的水患之苦，生产、生活条件有了较大的改善。但移民建镇工程基本完成后，移民建镇点的后续管理工作任务仍较繁重，规划工作要加强，基础设施要配套，村镇管理要跟上，人居环境要改善。进一步抓好移民建镇后续管理工作，不仅能巩固移民建镇成果，而且能加速社会主义新农村的建设、引导移民脱贫致富奔小康。凡有移民建镇任务的设区市、县（市、区）、乡（镇）政府要高度重视移民建镇后续管理工作，协调解决好涉及移民建镇的相关问题；发改委、建设、水利、国土资源等有关部门要按照《江西省平垸行洪退田还湖移民建镇若干规定》确定的职责分工，认真履行各自的职责，一如既往地抓好移民建镇后续管理工作。县级政府要根据上级有关文件精神，结合当地实际，认真制定搞好移民建镇后续管理工作的具体政策措施，并抓好督办落实。

《意见》强调，各地要严格执行规划，把好移民建房质量关。规划是村镇建设的“龙头”。我省的移民建镇点基本上是先规划后建设的，特别是中心村以上的移民建镇点，不少是由省内外高资质的规划设计单位精心规划设计的，规划的执行及房屋的质量情况总体较好。但也有少数移民建镇点出现了违反规划乱搭乱建现象，必须尽快加以制止，坚决拆除违章建筑。移民建镇点的规划管理工作必须进一步加强，凡在移民建镇点规划区范围内新建、改（扩）建建筑物、构筑物，必须按《江西省村镇规划建设管理条例》的规定申办村镇建设选址意见书及相关审批手续，再到国土资源管理部门办理用地审批手续后，方可开工建设；严禁在移民建镇点新建寺庙、教堂、祠堂等建筑物。不得随意改变移民建镇点的规划用地性质，已规划的公共设施、公用事业、园林绿化、环境卫生等设施一时建不起来的，原规划用地要予以保留，不得搭建临时建筑，更不能兴建其他性质的永久性建筑。要彻底拆除旧房，凡是已搬迁的原居民点，不允许再作为村民建房用地，严禁移民返迁。移民建镇点原编制的规划不能继续指导建设的，乡镇人民政府应组织修编规划，并按规定的程序报县级人民政府批准实施。对已建成的房屋不得擅自加层，确需加层的应由县级建设部门对设计图纸进行认真审查，从严审批，确保房屋加层后不出现结构安全隐患。县级建设部门应继续做好移民建房质量监督工作，不定期组织质量安全检查，发现质量问题及时整改，杜绝质量事故的发生。

《意见》要求，完善基础设施，改善移民生产生活环境。移民建镇点的供水、供电、道路、绿化、环卫等基础设施，是移民群众安居乐业的重要基础条件。移民建镇工程结束后，基础设施仍需进一步加以完善。各级政府和有关部门要一如既往地关心移民建镇点的基础设施建设，从计划、资金、技术等方面尽可能予以支持。对用电难、吃水难、行路难的移民新村，当地政府要采取积极措施认真予以解决。移民建镇点的电力供应应列入当地的农网改造，保证供应，实行城乡居民同电同价。已建成集中供水的集镇和中心村要制定供水管理办法，实行承包经营；供水设施尚未完善的要加以完善，确保水质水量，充分发挥投资效益。要发动移民群众搞好自家房前屋后的道路平整、挖排水沟、栽花种树，努力改善居住环境。交通、教育、卫生、民政、文化、体育等部门要关心移民建镇点的公路、学校、医院、敬老院、文化娱乐等设施的建设，方便移民群众的生产生活。要紧紧围绕农村奔小康的目标，继续抓好移民建镇点基础设施的配套建设，将移民建镇点建成社会主义现代化新农村的样板。

《意见》强调，要健全管理机构，强化各项管理工作。有关县（市、区）要依据移民建镇点的区位、规模和隶属关系建立必要的管理机构，已建成的移民小区要组建物业管理公司。要加强对移民住房出租、出售等活动的管理，对移民出租、出售房屋要进行登记，并依法办理房屋租赁和产权转让手续。要维护好已建的公用基础设施，人行道上不得乱搭乱建任何建筑，不能在车行道和路沿石之间铺设斜坡，要保证村镇内主次干道的畅通无阻，维护好现有道路、给排水、绿化、环卫、电力、通讯等设施。要建立健全村规民约，加强村（居）民自治组织建设，抓好计划生育、社会治安综合治理等项工作，维护农村社会的稳定。要特别加强环境卫生管理，猪要进圈、牛要入栏，集镇、中心村应有专人负责村镇道路的清扫保洁工作。禁止在移民建镇点的街道、学校、广场、市场、公共绿地和车站等公共场所堆放垃圾、粪便，禁止人畜粪便及污水流入饮用水源，防止水源受污染。县（市、区）建设主管部门要加大对移民建镇点规划、建设、管理的指导力度，把规划、建设、环境卫生、园林绿化和公用基础设施等方面的管理纳入制度化范围，在村民自治的基础上依法管理移民建镇点的日常事务。

《意见》要求，要落实移民生计，引导移民脱贫致富奔小康。要认真贯彻落实中央和省委一号文件精神，千方百计增加农民收入，切实解决移民生计问题。外迁移民人均耕地面积少于当地农民的，当地政府要采取措施予以增补。对进入县城或集镇居住的移民，一方面要通过建市场、发展第二、第三产业、鼓励外出务工等措施来增加就业渠道，为移民自谋职业创造条件；另一方面，应在稳定农村联产责任制的前提下，允许移民保留在原村庄的责任田，自己继续耕种或转包给他人耕种，以解除其后顾之忧。要严格执行国家和省下达的平垸行洪、退田还湖计划，已经平毁的圩堤不准修复，单退圩堤不准加高加固，并完善分洪设施。要认真做好单退圩堤内的移民群众的工作，一旦洪水水位超高，国家将采取分洪措施，教育移民“舍小家、保大家”，自觉服从抗洪大局。各级政府要妥善安排好分洪地区移民的生产生活，力争将洪水带来的损失减少到最低程度。全社会都要全力关注农业、农村和农民问题，各级发改委、财政、科技、农业、林业、水利、交通、教育、卫生、金融等有关部门要在计划安排、资金筹措、科技下乡、涉农服务等方面适度向移民建镇点倾斜，把移民建镇点作为社会主义新农村的试点来抓，积极引导移民科学种养，早日脱贫致富奔小康。要加强农村精神文明建设，开展创建文明村镇、文明家庭和评选“五好”家庭、精神文明户活动，改变移民的陋习。努力将移民建镇点建成社会主义文明村镇。

《意见》最后强调，移民建镇的后续管理是一项长期工作，各级政府要按照《江西省平垸行洪退田还湖移民建镇若干规定》和省政府领导提出的“移民建镇管理要常抓不懈”的要求，把加强移民建镇点的后续管理工作纳入政府和相关部门的工作任务之中，切实抓紧抓好，常抓不懈，并使其逐步走上正常化、法制化轨道，为全面建设小康社会，实现江西在中部地区崛起作出应有的贡献。

在移民建镇工程基本结束后，各地把主要精力放在抓后续管理工作上。如鄱阳县（由波阳县改名）积极探索抓好移民建镇后续管理的新模式，首先是建立管理机构，在新建的集镇成立集镇管理委员会，村庄成立村民理事会，县城移民小区设立居民委员会、引入物业管理；其次是健全规章制度，如村规民约、建房审批制度、环境卫生管理制度、村镇日常管理制度等，并在村镇、小区内张榜公布，加大宣传力度；第三是解决移民生计，发展避洪农业、组织外出务工、就地发展第二、第三产业等，广开就业渠道；第四是加强日常管理，设立移民议事与活动场所，认真研究解决移民反映的问题，通过村民自治组织维护日常秩序，查处违法违章行为，创造良好的生产生活环境。

为总结推广鄱阳县移民建镇后续管理的工作经验，通报全省移民建镇“抓好三个扫尾、提高五个水平”的进展情况，进一步研究部署全省移民建镇后续管理工作任务，2005 年 10 月 11 日，省政府在鄱阳县召开全省移民建镇后续管理现场会，省直有关单位负责人、全省有移民建镇任务的市、县（市、区）政府分管领导和移民建镇管理机构的负责人 100 多人出席会议，会议组织参观了鄱阳县的几个移民建镇点，省直有关单位的负责同志就加强移民建镇后续管理工作在会上发了言，省政府副省长、省移民建镇工作指挥部总指挥长凌成兴在会上讲了话。

凌成兴副省长在讲话中充分肯定了鄱阳县移民建镇后续管理工作所取得的成绩，指出鄱阳县的平垸行洪、退田还湖、移民建镇工作在全省有“三个之最”：一是移民人数为全省之最，18.78 万人，占了全省任务的 1/5；二是村镇规模为全省之最，新建了 21 个集镇，县城北移民小区 1000 多户已形成了规模；三是平退圩堤为全省之最，双退圩堤 38 座、单退圩堤 27 座。移民建镇进行了 7 年，工作基本结束后鄱阳县还有坚强的领导、庞大的队伍、完善的体系在管移民建镇的后续工作，这一条尤为可贵。鄱阳县的经验可归纳为：一是领导得力，完善了管理机构，镇、村干部亲力亲为；二是“三个跟进”，即组织体系跟进、制度体系跟进、物业管理体系跟进，建立健全了乡规民约，移民小区的物业管理也跟上了，环境卫生搞得不错，移民建镇后续管理水平有了较大的提高。

凌成兴副省长强调：要充分认识加强移民建镇后续管理工作的重大意义。加强后续管理是巩固移民建镇成果的重大举措，是建设社会主义新农村的重大举措，是滨湖地区推动全民创业的重大举措。只有切实加强移民建镇后续管理工作，才能真正使移民能够“移得出、稳得住、能发展、不返迁”，才能进一步巩固平垸行洪、退田还湖、移民建镇成果，使广大移民过上安居乐业的生活。

凌成兴副省长要求：认真落实全省移民建镇后续管理的工作任务。一是要强化移民建镇后续管理的领导体制，有移民建镇任务的地方要继续落实分管领导，确保有人管事；要落实职能部门，按照省政府第102号令，主要职能部门是建设、水利两个部门，其他有关部门要积极配合。二是要明确移民建镇后续管理的基本内容，围绕提高“五个水平”（即提高移民的致富水平，提高基础设施的配套水平，提高村镇的管理水平，提高移民的安居水平，提高土地的利用水平）来抓好后续管理，力争每年有20％的移民建房搞装修，每年有20％的移民新村完善基础设施，每年有20％的外出务工移民回乡务工创业；移民新村实现“六个有”的目标（有“三网”、有自来水、有水泥路、有绿化带、有排污沟、有水冲厕）。三是攻克移民建镇后续管理的扫尾难题，主要是搬迁入住的扫尾难题、拆除旧房的扫尾难题、资金终结审计的扫尾难题、平退圩堤的扫尾难题、文字档案的扫尾难题。希望大家回去后，集中精力、集中时间、集中人力，把这些难题解决好，把这些尾巴割掉。要以学习贯彻党的十六届五中全会精神为动力，以鄱阳县的典型经验为榜样，促进全省移民建镇后续管理工作攀登新水平。

全省移民建镇后续管理现场会后，各地按照省政府、省移民建镇工作指挥部的要求，认真抓好移民建镇各项扫尾工作，全面完成移民建镇任务，后续管理工作也有了较大的起色。

永修县立新乡的黄婆井、南岸等移民新村，大多数移民的新房都盖至两层以上，且内外进行了粉刷，村内道路基本硬化，村民房前屋后栽了树，家家户户用上自来水，部分村民还安装了太阳能热水器……另外村里还组织村民发展种养业，种大棚蔬菜、养殖特色水产等，努力提高移民的致富水平。新建、鄱阳、九江、都昌、彭泽、星子、湖口、永修、瑞昌等县（市）

移民小区的物业管理井井有条，在当地政府的引导下，进城安居的移民较好地解决了生计问题，过上了安居乐业的新生活。

2006 年 7 月，省移民建镇办在九江庐山最后一次召开了全省移民建镇工作会议，通报全省移民建镇扫尾情况，强调做好移民建镇相关档案的收集整理工作，并再一次对加强移民建镇后续管理工作提出要求。

至此，持续 8 年的大规模的、史无前例的江西省移民建镇工作任务全面完成，移民建镇后续管理等项工作转入当地政府的日常管理之中。

这场旷日持久的移民建镇工作锻炼培养了一大批干部，造就了一批事业有成之士，许多同志走上了各级领导岗位，其中担任省（部）级领导干部的有：

凌成兴，1957 年出生。1998 年任江西省人民政府省长助理，省移民建镇工作指挥部总指挥长；2001 年任江西省人民政府副省长，省移民建镇工作指挥部总指挥长；2006 年任中共江西省委常委、省政府常务副省长；2013 年起任工业和信息化部党组成员、国家烟草专卖局局长。

余欣荣，1959 年出生。1998 年任江西省人民政府副秘书长，省移民建镇工作总指挥部副总指挥长兼省移民建镇办主任；1999 年任省农业厅厅长；2001 年任中共上饶市委书记；2003 年任中共江西省委常委、南昌市委书记；2011 年任中共安徽省委常委、副省长；2012 年起任农业部党组副书记、副部长。

孙刚，1951 年出生。1998 年任江西省计委副主任；1999 年任江西省计委副主任、省移民建镇工作指挥部成员；2000 年任江西省发展计划委主任、省移民建镇工作指挥部、副总指挥长；2003 年任江西省副省长；2012～2015 年任江西省政府顾问。

龚建华，1962 年出生。2000 年任南昌市人民政府副市长，分管移民建镇工作；2006 年任宜春市市长；2011 年任中共抚州市委书记；2014 年任中共江西省委常委、省委秘书长；2015 年～

2016 年任中共江西省委常委、南昌市委书记；2017 年 1 月起任江西省人大常委会副主任。

马志武，1957 年出生。2000 年任江西省建设厅副厅长兼省移民建镇办主任；2008 年任省交通运输厅厅长；2013 年起任江西省人大常委会副主任。

附录1：中共中央　国务院关于灾后重建、整治江湖、兴修水利的若干意见

中发［1998］15号（1998年10月20日）

今年入汛以来，我国长江发生了继1954年后的又一次全流域性大洪水，嫩江、松花江也发生了超历史纪录的特大洪水。党中央、国务院直接领导了这场抗洪抢险斗争。江泽民同志在抗洪抢险的每个关键时刻都作出重要指示，并亲临第一线进行总动员，极大地鼓舞了抗洪前线广大军民的斗志。在长达两个多月的抗洪抢险斗争中，广大军民团结奋战，顽强拼搏，特别是人民解放军发挥了不可替代的重要作用，抗御了一次又一次的洪水袭击，保住了大江大河大湖干堤的安全，保住了重要城市的安全，保住了重要铁路干线的安全，保护了人民生命的安全，取得了抗洪抢险斗争的全面胜利，创造了在特大洪水情况下将受灾损失减少到最低限度的历史奇迹。

今年我国遭受罕见洪水灾害，主要原因是气候异常，降雨集中，同时也与生态环境遭受破坏有很大关系。江泽民同志极为重视灾后重建和兴修水利工作。他在江西9月4日所作的《发扬抗洪精神，重建家园，发展经济》的重要讲话中强调："搞好水利建设，是关系中华民族生存和发展的长远大计"，"在加强水利建设中，要坚持全面规划、统筹兼顾、标本兼治、综合治理的原则，实行兴利除害结合，开源节流并重，防洪抗旱并举。"9月14日，他又就做好灾后重建和加强水利建设作了重要批示。这些重要讲话和批示，从全局和战略的高度，提出了恢复生产、重建家园、防治水患的方针和原则。在调查研究和

充分听取意见的基础上，党中央、国务院就灾后重建、整治江湖、兴修水利提出以下意见：

1. 实行封山植树、退耕还林，防治水土流失，改善生态环境

我国水患频繁的一个重要原因，是国土生态环境遭到严重破坏。长江流域洞庭湖、鄱阳湖等几大湖泊的泥沙淤积不断增加，泥沙的60%以上来自上中游开垦的坡地，仅四川、重庆每年流入长江的泥沙就达5.33亿t。陕西每年流入黄河的泥沙达5亿t以上。云南、贵州、山西、内蒙古、甘肃、宁夏的水土流失也相当严重。不解决长江、黄河流域上中游水土流失问题，不仅水患难以防治，而且也会因泥沙淤积，影响湖泊、水库的调蓄洪能力。森林植被是陆地生物圈的主体，是维持水、土、大气等生态环境的屏障。积极推行封山植树，对过度开垦的土地，有步骤地退耕还林，加快林草植被的恢复建设，是改善生态环境、防治江河水患的重大措施。

（1）停止长江、黄河流域上中游天然林采伐。从现在起，全面停止长江、黄河流域上中游的天然林采伐，森工企业转向营林管护。各级党委、政府要采取措施，坚决制止国有和集体单位及个人对天然林的砍伐。同时，妥善安置林业分流转产职工。除利用人工培育的工业原料林和利用枝桠材、间伐材外，停止建设消耗天然林资源的木材加工项目。关闭采伐区域内的木材交易市场。为了解决国内木材的需要，要在适合种植的地区，因地制宜选择速生树种，大力营造速生丰产林基地。同时，要抓好木材节约代用，努力稳定木材市场价格。

（2）大力实施营造林工程。重点治理长江、黄河流域生态环境严重恶化的地区。用20年左右的时间，将长江流域三峡库区及嘉陵江流域、川西林区、云南金沙江流域3个重点治理区森林覆盖率由目前的22.1%提高到45%以上；用30年左右的时间，使黄河中游水土流失区、黄土高原风沙区、青海江河源头3个重点治理区森林覆盖率由目前的10.1%提高到27%以上。初步规划，这些治理区的总造林任务为3400万hm^2。

第一阶段（1998～2010 年）造林 2431 万 hm^2，其中 2000 年以前造林 205 万 hm^2，1998 年计划造林 34.4 万 hm^2。第二段（2011～2030 年）造林 969 万 hm^2。在生态环境脆弱地区，要采取以封山育林为主，结合人工造林、飞播造林、人工补植等方式，建设水土保持林。

（3）扩大和恢复草地植被，开展小流域综合治理。草地建设包括川东、鄂西、湘西、云贵高原、江西、青藏高原、内蒙古中西部、甘肃河西走廊及甘南、四川甘孜及阿坝、黄土高原等 10 个治理区。用 10 年左右时间建成高标准人工草场、改良草场和围栏退化草场约 2000 万 hm^2。其中到 2000 年改良长江、黄河上中游草场 130 万 hm^2。要以草定畜，扭转草场超载过牧的状况。通过增加植被，使这些区域 60％的水土流失及荒漠化土地得到治理，从总体上扭转这些区域生态环境恶化的状况，有效控制输入江河的泥沙量。要提高和改善飞播造林种草能力。

（4）加大退耕还林和“坡改梯”力度。水土流失的主要原因是毁林开荒，陡坡种植。据不完全统计，长江、黄河流域上中游 12 个省、自治区、直辖市现有坡耕地约 2.8 万亩，其中 25 度以上的坡耕地 7000 多万亩。从现在起，坚决制止毁林开荒，积极创造条件，逐步实施 25 度以上坡地的退耕还林；加快 25 度以下坡地“坡改梯”。以生物措施与工程措施相结合，提高土壤的水分涵养能力，拦蓄泥沙下泄。在退耕还林过程中，要注意解决好退耕农民的口粮、烧柴问题，并因地制宜，采取以工代赈、贴息贷款，发展经济林和其他经济作物，以增加农民收入。在加大“坡改梯”力度的同时，要应用农业科学技术，发展旱作农业，努力提高生产水平，以弥补耕地减少的损失。

（5）种植薪炭林，大力推广节柴灶。长江、黄河流域上中游地区薪柴消费约占毁林的 30％。要有计划地种植速生薪炭林，大力推广节柴灶、沼气、秸秆气化等，鼓励有条件的地方烧煤炭，采取多种方式减少薪柴消耗，使土地植被得到保护。

（6）依法开展森林植被保护工作，强化生态环境管理。认真贯彻落实新颁布的《中华人民共和国森林法》和国务院的有关规定，加大执法力度。要依法管理和推进退耕还林工作。国家林业局要尽快拟制《重点地区天然林资源保护工程实施方案》和《天然林保护条例》，报国务院审定。

对长江、黄河流域上中游地区封山植树、退耕还林、“坡改梯”工程，主要靠当地党委、政府和广大群众投工投劳，采取包种包活、荒山承包等多种激励机制和政策措施来解决。所需资金要多渠道筹措，中央财政予以适当支持。重点国有林区天然林保护和人员转产资金，由中央和地方共同解决。其余的天然林保护和人员转产资金，原则上由地方负责解决。

2. 坚持“蓄泄兼筹、以泄为主”的防洪方针，建设好干支流控制工程，有计划、有步骤地平垸行洪、退田还湖

据初步统计，今年长江中下游共溃决堤垸 2000 多个，其中千亩以上堤垸 479 个，淹没耕地 283 万亩，除湖北孟溪垸、湖南安造垸是规划中应确保的堤垸外，其他所破堤垸都是规划中的行蓄洪垸和一般堤垸。破垸受灾人口 253 万。为了提高行蓄洪能力，对已溃决的圩垸，要根据条件和可能，结合灾后重建，进行平垸行洪、退田还湖。

（1）分类规划平垸行洪、退田还湖。凡被洪水冲破的江河干堤外滩地民垸以及湖区内的民垸、行洪垸，原则上不修复，实行退田还湖。湖区内、江河干流上影响行洪的民垸，要放弃和清除。其中一部分退人不退耕，洪水退后还可耕种。规划中的重点垸、确保垸，重点铁路干线通过的民垸，干堤内因破堤成灾的圩垸，可以修复。需要恢复的圩垸，必须科学规划，制定安全建设方案，并经审查批准，才可修复。受灾严重的湖南、湖北、江西等省，要按以上原则及长江流域分蓄洪规划，在充分论证的基础上，确定需要修复和放弃的圩垸及移民安置的数量。对需平垸行洪的圩垸，要有计划地分步实施。

（2）加强分蓄洪区安全设施建设。为确保武汉等重要城市、荆江大堤及长江干支流的堤防和湖区重点垸堤的安全，在长江中下游仍要设若干个分蓄洪区。原来规划确定的分蓄洪区，有些由于人口稠密，分蓄洪区安全建设工程不足，实际已无法主动分蓄洪。今后要根据实际需要和可能，并将包括三峡等枢纽工程建成后形成的蓄洪能力考虑在内，调整长江流域分蓄洪规划。分蓄洪区要加强道路、通信设施、安全区等建设，在就近高地或重点垸内建设相对集中的行政村和小城镇。有关部门要抓紧研究制定农民因分蓄洪遭受损失的补偿办法，建立保险机制。黄河、淮河、海河的分蓄洪规划和分蓄洪区建设也要统筹考虑。

（3）抓好干支流控制工程的规划和建设。近50年来建设的水利工程体系，特别是近年来建设的葛洲坝和隔河岩等水利枢纽，在洪峰到来时拦蓄了大量洪水，减轻了下游堤防压力，取得了明显的防洪减灾效益。要继续抓紧长江上中游干支流控制工程建设，增强对洪水的错峰调蓄能力。在建的长江三峡、黄河小浪底等大型水利枢纽工程要抓紧建设，尽快发挥工程效益。同时，要进一步做好主要来水干支流控制工程的规划，逐步组织实施，并搞好病险水库的除险加固。这些工作，要作为一项系统工程，认真抓好。工程建设要保证质量，决不能有丝毫马虎。

（4）分类处理被洪水冲毁的工业企业。水毁企业原则上不能原样恢复。属于行洪区内阻洪、碍洪企业，要关停或搬迁；产品无销路或者严重污染环境、技术落后的企业，灾后不要再重建；产品有市场、有效益的企业，可以恢复，有的可迁入新建的城镇，有的可并入其他企业。受灾企业恢复重建所需材料和设备，原则上要立足于国内采购。

3. 统一规划，合理布局，搞好以工代赈、移民建镇

江西省鄱阳湖区和长江滩涂有大小圩堤4000余座，耕地面积2000万亩，人口2317万。湖南省洞庭湖区有大小堤垸227个，耕地面积1000万亩，人口1008万。湖北省长江堤外沿线民垸140个，耕地面积184万亩，人口106万。灾后重建要与平垸行洪、退田还湖的规划相适应，采取以工代赈办法，有计划地建设小城镇。

（1）移民建镇实行统一规划、统一设计。这次被洪水冲毁的江河干堤外、湖区内、行蓄洪区、低洼地带的村庄，要通过论证，统筹规划，不再就地重建。要有计划、有步骤地采取各种不同的方式，或就近迁移，或易地重建，以恢复这些地方的行蓄洪作用。新建小城镇的人口规模一般控制在1～5万人。城镇布局要有利于发展生产、方便生活。通过招标评审等形式，选择一些经济适用、适合当地生产生活需要的民居户型结构设计。同时，结合移民建镇，清理宅基地，搞好土地整理，尽可能增加一些耕地。各地要发扬自力更生精神，重建家园，中央财政适当补助建房材料费。

（2）小城镇建设首先要解决好灾民过冬用房。实行移民建镇，要统筹规划，分步实施。当前首先要解决好灾民的过冬住房，尽可能不建过渡房。在城镇和房屋建设上，要因地制宜，充分利用当地的建筑材料，有条件的要积极采用新型建筑材料，以尽快解决灾民的安居问题。

（3）妥善安排移民生计，扩大就业门路。为了解决迁出农业人口的生计问题，有些退出的行蓄洪垸可以“退人不退耕”，“小水收，大水丢”。退人不退耕的行蓄洪区，要限定堤顶高程，并改变现行耕作方式，搞现代农业、高效农业，科学种田。多余的劳动力可从事养殖业、手工业和第三产业。要组织行蓄洪区农民以工代赈，参加小城镇建设，稳定灾民的生活，促进当地经济发展；经过培训，组建农民专业堤防建设工程队，长期从事水利工程建设和维护工作；有组织地将行蓄洪区的农民异地转移到农业劳动力相对不足的地方，从事农业生产和开发。首先要在本省内部消化安置移民。

4. 抓紧加固干堤，建设高标准堤防，清淤除障、疏浚河湖

从今年严重的洪涝灾害来看，加固堤坝、整治河道是提高防洪能力的重要措施。要统筹考虑堤防建设与河湖清淤，提高工程效益，确保工程质量。

（1）建设好长江、黄河等大江大河的一类堤防工程。按高标准加固干堤是百年大计。堤防要能防御新中国成立以来发生的最大洪水。重点地段的堤防要达到能防御百年一遇洪水的标准，堤顶要设置防汛公路、照明设备和通信设施等。初步规划急需加固的一类堤防：长江干流2633km，黄河干流1496km，松花江、嫩江干流244km。其他大江大河也要加强一类堤防的建设。堤防加固力争在2～3年内完成。今明两年主要安排长江流域的荆江大堤、同马大堤、无为大堤、九江大堤、黄广大堤、洪湖监利大堤、岳阳长江干堤和重点崩岸整治，以及松花江、嫩江等流域的重点堤防。其中险工险段要在今冬明春完成。

（2）搞好重要支流和湖泊的二类堤防建设。长江流域二类堤防需加固1009km，黄河流域需加固763km，松花江、嫩江流域需加固3160km。其他江河流域也要根据轻重缓急，确定建设任务。长江、黄河等流域支流堤防建设应以地方为主。各项工程力争2年内完成。

（3）保证工程建设质量。堤防建设要吸取以往大堤溃决的教训，做好堤基地层的钻探勘测工作。砂基要打防渗墙，施工要采用先进的方法、器材，推广应用复合土工布，推行工程监理制，确保工程质量。对干堤建设要区分不同情况，提出设计标准和质量要求。

（4）搞好江河、湖泊清淤疏浚。初步估算，长江流域40年来累计淤积泥沙50亿m^3，其中洞庭湖43亿m^3，鄱阳湖4亿m^3，长江中下游河道3亿m^3。黄河下游累计淤积泥沙80多亿m^3。清淤疏浚是恢复和提高大江大河大湖行洪能力行之有效的工程措施。为此，要对重点河道和湖区，进行大规模的清淤疏浚工程，所挖泥沙用于江河湖泊干堤加固。具体安排是：

1）长江流域重点清淤疏浚工程。洞庭湖区：安排湖南省洞庭湖区、湖北省“三口”洪道堤防、岳阳市江堤、长沙市江堤等填塘淤背工程，南洞庭、藕池河洪道疏浚工程，西洞庭湖区澧水洪道清淤工程。荆江附近区：安排荆江大堤、松滋江堤、洪湖江堤填塘淤背工程。武汉、鄱阳湖附近区安排武汉市堤、黄石市堤、黄广大堤、九江江堤、南昌市堤、赣抚大堤、鄱阳湖区重点垸堤等填塘淤背工程，鄱阳湖五河尾闾河道疏浚工程。长江下游地区：安排同马大堤、无为大堤、安庆市堤、芜湖市堤、南京市堤等填塘淤背工程，巢湖裕溪河河道疏浚工程。

2）黄河下游重点清淤疏浚工程。根据河南、山东河段的泥沙淤积量和河势变化情况，采取多种形式对影响行洪的河段逐步进行清淤疏浚。由于黄河上中游水土流失，近期难以完全得到控制，应当清淤不止。

3）其他流域重点清淤疏浚工程。主要安排松花江、辽河流域、海河流域主要河道及河口清淤。

以上各流域的总清淤量约6亿m^3，力争3年内完成。为此，必须组建行业或地方的大规模专业清淤疏浚队伍，并充分发挥现有的能力。通过招标组织有条件的企业生产挖泥船，明年争取新装备40艘，以后逐年增加，力争到2000年新增100艘以上。

（5）搞好地质灾害的防治。长江、黄河流域上中游是地质灾害多发区，崩塌、滑坡、泥石流等造成了人民生命财产巨大损失。要搞好地质环境的评价，制定地质灾害防治规划，在治理江河的同时，实施防治地质灾害的工程和措施。

完成上述任务，需要多渠道筹集资金：1）募集捐赠的资金，一部分用于当前灾民生活救济，一部分用于建房。2）中央财政安排一定资金。3）调整投资结构，坚决压缩一般工业项目，增加地方对水利建设的投入。4）明后两年发行一定数量特种国债用于水利建设。5）争取国际金融组织的长期优惠贷款。6）通过以工代赈，组织灾民投工投劳，参加修复水毁工程和兴建水利工程。7）发展农村住房信贷，扶持农民建房。

今年所需中央投资，已在财政债券和预算内资金中安排约200亿元，各地要抓紧落实配套资金。

5. 抓好当前灾后重建和长远规划的衔接，安排好灾民的生活

当前，各受灾地区要进一步贯彻落实江泽民同志关于灾后恢复生产、重建家园和加快水利建设的指示，认真解决灾后的群众生活问题，特别是越冬住房。同时要按照标本兼治、综合治理的原则，把目前灾后重建同整治江湖长远目标结合起来，把恢复生产同结构调整结合起来，对山、水、田、林、路进行统筹规划，作出分期实施的安排。当前救灾工作，要按国务院有关部门同受灾较重的内蒙古、黑龙江、吉林、江西、安徽、湖北、湖南、重庆、四川等地区商定的方案，抓紧实施。

（1）抢建过冬用房。9 省、区、市因灾倒塌房屋 600 多万间，涉及 100 多万户。鉴于这些地区灾情较重和地方财政困难的情况，由中央财政和社会捐助款补助一部分建房材料费。灾区越冬所需的棉衣、棉被主要通过社会捐助解决。

（2）抓紧恢复中小学校和卫生院。为保证中小学生正常学习和开展医疗、防疫工作的需要，各地要首先把水毁学校和卫生院恢复起来。所需资金中央财政适当予以补助。

（3）搞好水毁设施的建设。对水毁的城乡电网、交通通信线路以及监狱等，要结合扩大基础建设，由有关部门会同地方优先安排重建。

灾后重建、整治江湖、兴修水利，要发扬抗洪精神，立足于自力更生、艰苦奋斗。要加强领导、统筹规划、因地制宜、突出重点、分步实施。所有建设项目，都必须广泛吸取各方面特别是专家和工程技术人员的意见，按照自然规律和经济规律办事，充分论证，慎重决策。要运用先进技术，强调综合效益，坚持质量第一，着眼长治久安。要继续调整投资结构，集中必要资金，增加灾后重建和水利工程建设投入。在抓紧贯彻落实本意见提出的各项任务的同时，要结合第十个五年计划的制定，进一步提出改善生态环境，防治水旱灾害的规划方案，把灾后重建工作与长远规划衔接起来。国家发展计划委员会要会同各地区、各部门，通力协作，加倍努力，进一步调动各方面力量，尽快把各项任务落到实处。

附录2：中共江西省委 江西省人民政府 关于灾后重建、根治水患的决定

赣发［1998］22号 （1998年11月10日）

今年我省遭受了历史罕见的特大洪涝灾害。在党中央、国务院和中央军委的亲切关怀和坚强领导下，全省军民万众一心、顽强拼搏，取得了抗洪抢险斗争的全面胜利。当前工作重点已全面转到恢复生产、重建家园、发展经济上来。江泽民总书记在全国抗洪抢险总结表彰大会上指出："受灾地区首先要抓紧做好救灾和恢复生产、重建家园的工作。受灾地区的各级党委和政府要把这项工作作为首要任务来抓，坚持从实际出发，在科学论证的基础上制订全面规划，做到生产和生活统筹、治标和治本结合、当前和长远兼顾，全面做好救灾工作，努力完成恢复生产、重建家园的任务"。9月4日，江泽民总书记亲临我省视察和指导抗洪救灾工作，并发表了《发扬抗洪精神，重建家园，发展经济》的重要讲话。接着朱镕基总理又亲赴我省对灾后重建作了重要部署。10月20日，中共中央、国务院下发了《关于灾后重建、整治江湖、兴修水利的若干意见》（中发〔1998〕15号）。这充分体现了党中央、国务院对灾后重建、发展经济工作的高度重视和殷切期望。为认真贯彻落实中央的指示精神，继续发扬伟大的抗洪精神，切实做好灾后重建，根治水患，发展经济工作，特作如下决定。

1. 提高认识，进一步增强搞好灾后重建、根治水患、发展经济工作的责任感和紧迫感

新中国成立以来，历届省委、省政府始终高度重视治理水

患工作，特别是改革开放以来的20年，以兴修水利和水土保持为主要内容的综合治理取得了很大成就。但是，从总体上看我省国土生态环境质量不高，水土流失严重，水利设施抗御洪涝灾害能力不强的状况没有根本改变。全省现有江湖圩堤中，防洪标准20年一遇的占10%，10年一遇的占8%，其余的都是5年一遇标准以下。全省水土流失面积占全省山地面积的35%。由于长期以来不合理的围垦，鄱阳湖的面积（按湖口吴淞高程水位22m计算）由1954年的5100km^{2}缩小到1997年的3900km^2，大大降低了湖泊的调蓄能力。因此，我省遭受洪涝灾害的频率增大，灾害的程度提高。一次次的洪涝灾害，特别是今年的特大洪灾，给我们以惨痛的教训：根治水患，刻不容缓。

党中央、国务院对灾后重建、根治水患提出了“封山植树，退耕还林；平垸行洪，退田还湖；以工代赈，移民建镇；加固干堤，疏浚河湖”的方针（以下简称“32字”方针）。这是我国改造自然、治理水患、造福人类的根本方略，反映了全国人民的共同愿望，对于确保大江大河、重点水系的长治久安，滨湖易涝地区人民群众的安居乐业，加快经济发展具有深远的战略意义。为落实这一方针，今年9月朱镕基总理率国务院有关部门第三次亲临我省，现场办公，对我省灾后重建、根治水患、发展经济作了极为重要的指示，并给予了巨大的财力支持，仅移民建镇一项就安排中央资金17亿多元，这在我省历史上是前所未有的，为我省实现大灾大治提供了极有利的条件。我们一定要认真学习、深刻领会江泽民总书记9月4日视察我省抗洪救灾工作时的重要讲话和9月28日在全国抗洪抢险总结表彰大会上的讲话以及中发〔1998〕15号文件精神，将党中央、国务院对灾区人民的亲切关怀化作灾后重建的巨大精神动力，切实把我省灾后重建工作搞好。要把我省人民的思想统一到党中央、国务院的重大决策上来，抓住千载难逢的历史性机遇，以对人民对子孙后代负责的精神，把灾后重建与根治水患、发展经济有机结合起来，以灾后重建为契机，举全省之力，兴修水利，造林绿化，重整河山，实现大灾大改、大灾大治，从根本上改善我省国土生态环境，努力实现我省经济、社会和生态的可持续发展。

2. 灾后重建、根治水患的指导思想和基本任务

灾后重建、根治水患的指导思想是，以党中央、国务院“32字”方针为指导，从江西实际出发，立足有利于社会的长治久安、人民群众的安居乐业，当前与长远结合，恢复与发展结合，治标与治本结合，治水与致富结合，实行蓄洪与泄洪并重，加固堤防与降低河床并重，治水与治山并重，并与改革耕作、养殖制度，调整农业结构结合起来，实现经济、社会、生态的协调发展。在工作上要坚持科学求实的态度，顺应自然规律，遵循经济规律，尊重群众的意愿。争取有限的投入取得尽可能大的经济、社会和生态效益。

灾后重建、根治水患是一项艰巨而又长期的工作，需要全省人民的长期努力。今后三年的主要任务是：

——显著改善生态环境，尽快扭转水土流失严重恶化的趋势。力争全省每年完成综合治理面积2000km^2，五大江河的泥沙流入量平均每年减少10%～15%，土地沙化面积平均每年减少20万～30万亩，初步抑制土壤质量退化的趋势，国土整治和综合利用达到新的水平。

——努力抓好森林资源的培育和保护，提高森林植被质量，全面绿化江西大地。力争到2000年，全省森林覆盖率达到56%，活立木蓄积量达到2.8亿m^3，林种树种结构趋于合理，实施森林分类经营。发展草业，实行林草结合，为初步形成比较完备的林业生态体系和比较发达的林业产业体系奠定基础。

——基本改变水利设施老化状况，增强水利对经济社会发展的适应能力。以长江、鄱阳湖、赣江干流整治和五河干流“上蓄下泄”工程为重点，以集中抓好现有病险水库的除险加固为基础，并切实加强重点防洪城市的防洪保障工程，初步形成功能完备、标准较高的防洪体系。

——努力扩大鄱阳湖的蓄洪能力，提高湖区的综合效益。到2000年，力争鄱阳湖蓄洪面积增加1130km^2，蓄洪量增加59亿m^3。湖区旅游资源的开发利用达到新的水平，进一步缩小血吸虫病感染区，把鄱阳湖区建成我国名贵淡水养殖生产基地。

——全面完成移民建镇和灾后重建任务，形成一批新型小康示范村镇。全面完成移民安置46万人左右，并在今明两年内完成灾后重建任务，在鄱阳湖区建成一批环境优美、功能较好、经济发展、生活安定的新型村镇，为退田还河还湖的移民和被水冲毁房屋的受灾群众安居乐业提供条件。

3. 围绕增强鄱阳湖的蓄洪能力，积极稳妥地实施平圩行洪、退田还湖

从长江防汛和我省五河水系防汛的大局出发，对不合理围垦、有碍行洪的圩堤坚决实施平圩行洪、退田还湖。平圩行洪、退田还湖的重点是：连年溃决的圩堤，设防标准较低的圩堤，影响行蓄洪的圩堤，堤线长、保护农田面积小或堤内人口少的圩堤。根据上述重点，本着有利于提高鄱阳湖的调蓄功能，有利于缓解人地矛盾，有利于安排移民生计的原则，初步确定，“九五”后三年全省实行“平圩行洪、退田还湖”的圩堤共234座，同时基本建成鄱阳湖区康山、珠湖、黄湖、方洲斜塘四个分蓄洪区。针对湖区的实际情况，采取三种模式实施：一是平圩退田、外迁开发、还河还湖。对严重影响行洪、蓄洪的河堤、湖堤，一律放弃，不再修复，实行平圩清障，还河还湖。二是后靠高地安民，低水种养，高水蓄洪。限定高程修复，实行退人不退田。当湖口吴淞高程水位22m时必须无条件蓄洪，不予补偿。三是切实抓好康山、珠湖、黄湖、方州斜塘四个鄱阳湖分蓄洪区的建设。加快完善区内各项安全设施，对分洪水位线以下的群众采取后靠安置的办法转移安置。要抓紧研究制定农民因分蓄洪遭受损失的补偿办法，建立保险机制。确保汛期执行调度，及时分洪。通过这些途径，使鄱阳湖面积在湖口吴淞高程水位22m时由现在的3900km^{2}增加到5030km^2，蓄洪容积由现在的298亿m^{3}增加到357亿m^3，基本恢复到1954年的水平。

4. 切实抓好移民建镇工作，建设繁荣、昌盛、文明的社会主义新农村

抓紧解决灾区群众安全过冬和灾后重建家园工作，是关系灾区群众生活、经济发展和社会稳定的十分紧迫而又艰巨的任务。要从有利于防洪抗灾、发展经济、方便群众生产生活、节约耕地和能源、促进小城镇建设出发，坚持统一规划、远近结合、因地制宜、自力更生、量力而行、分步实施，确保今年灾民安全过冬，用两年时间完成移民建镇任务。

我省江湖地区移民建镇的主要任务是：退田还湖、平圩行洪、异地开发安置移民18万人、4万户左右；低水种养、高水还湖、就近选高地安置移民28万人、7万户左右。按有序规划、美观实用的要求新建集镇37个，中心村150个，基层村400多个。同时配套建设中小学、卫生院、敬老院及道路、供水、供电、邮电、通讯等村镇基础设施。要立足于自力更生，建房资金以自筹为主，政府扶助为辅。移民建镇工作必须在当地政府的领导下，组织建设等有关部门抓紧实施。对暂不具备建房条件的灾民要采取积极有效措施，由当地政府组织结对帮困、投亲靠友，腾出部分办公用房和闲置厂房，暂住原有住房等办法，切实解决好灾民安全过冬问题。在移民建镇帮助灾区群众建房中，要对计划生育户，特别是二女结扎户给予适当照顾。

5. 以“上蓄下泄”为重点，进一步加强水利设施建设

在五大江河中上游实施一批重点防洪控制性工程。抚河流域重点是力争1999年开工建设廖坊水利枢纽工程。信江流域在尽快建成大坳水利枢纽工程的同时，争取早日建设高店水库和伦潭水库。饶河流域重点是在昌江上游建设浯溪口水利枢纽工程。修河流域重点是在北潦河和南潦河上建设高湖水利枢纽工程和甘坊水利枢纽工程。抓紧一批江湖骨干圩堤的除险加固及综合治理。“九五”后三年重点是建设长江干堤、鄱阳湖治理二期工程（湖区15座保护5万～10万亩的重点圩堤）和赣东抚西大堤。同时，结合水毁工程的修复，全面整治赣江、抚河、信江、饶河、修河下游的堤防，力争五大河流下游的干堤比原防洪标准普遍提高一个等级。要加快城市防洪工程建设。重点是对所有设防城市和县城所在地城镇的一批城市防洪工程进行加固改造。完善和提高南昌市、九江市的堤防工程，尽快达到百年一遇的标准。建设景德镇市的城市防洪体系，使其防洪标准达到 20～50 年一遇。对赣州、吉安、宜春、抚州、上饶、鹰潭、新余、萍乡等 8 个地市所在地的城市，按照 50～100 年一遇的防洪标准，加固和完善防洪体系。到 2003 年力争全面完成城市防洪规划规定的建设任务。要切实抓好现有病险水库的除险加固和配套建设。“九五”后三年全面完成现有 1612 座病险水库的除险加固，重点是抓好紫云山、飞剑潭、军民、大段、社上、老营盘等 6 座大型水库、65 座中型水库和京九沿线 235 座水库的除险加固，确保不把病险水库带入 21 世纪。要加大五河疏浚力度。重点加快疏浚五河下游河道及尾闾地区、鄱阳湖五河入湖扩散区和鄱阳湖入长江水道，增加河道行洪断面。要重点搞好长江干堤、南昌市堤、赣抚大堤、鄱阳湖区重点圩堤等填塘淤背工程，提高堤防御洪能力。坚决依法办事，认真执行河道、湖泊建设项目的审批制度，对已建成的阻水碍洪或侵占河道湖泊的建筑物，该拆除的要坚决拆除，该补救的要尽快采取补救措施，力争“九五”后三年完成疏浚清淤工作量 1.2 亿 m^3，以确保水畅其流。要搞好地质环境的评价，制定地质灾害防治规划，在治理江河的同时，要实施防治地质灾害的工程和措施。

6. 全面开展“跨世纪绿色工程”建设

有计划、有步骤地实施“封山植树、退耕还林”，加大林草植被的恢复和建设力度。对坡度在 25 度以上的农用地和坡度 25 度以下但水土流失达到强度级以上的坡耕地，全部退耕还林，采取人工造林和人工种草、改良天然草地等措施恢复植被；对坡度在 8 度以上的坡耕地，全部实施“坡改梯”。实行退耕的林地要在 2000 年以前高标准绿化。对已开发种果的山地实施水土保护措施，以减少裸露地表，防止水土流失。抓紧启动封山育林工程、天然林保护工程。封山育林 2000 万亩，封禁天然林 3700 万亩。改造人工针叶林 1000 万亩，使之成为混交林。在吉泰盆地、鄱阳湖区、赣南山区建设生态草地。同时，积极推进以小流域水土保持为中心，实行工程、生物、耕作等措施有机结合的综合治理。

7. 调整农业结构，发展高效农业

要结合平圩行洪、退田还湖和封山育林、退耕还林，大力发展养殖和林畜产品，同时积极发展农产品精深加工，实现经济、生态双重效益。要改进耕作制度，发展避洪农业。根据鄱阳湖和长江汛期规律，避开 6、7、8 月洪水期，在鄱阳湖区大力发展高效作物，变单一的水稻生产为粮食作物、经济作物和饲料作物等多种经营。要结合退田还湖、退田还渔，建设百万亩水产养殖基地。同时配套发展水产良种繁育体系、水产技术服务体系及水产加工、家禽生猪饲养和季节性农业，形成渔工牧农一条龙的生产体系，逐步把鄱阳湖建成我国淡水养殖的重要基地。要大力发展生态农业，实现资源永续利用。结合实施生态环境治理和水土保持工程，建设一批生态农业示范区。大力推广猪—沼—果等工程，实施猪沼结合、果牧结合，形成以养殖业为动力、以沼气为纽带、联动种养业发展的生态农业模式，实现年出栏优质瘦肉型猪 500 万头的目标。要进一步加大以工代赈的力度，走开发型移民的路子。灾后重建、水毁工程修复、移民建镇、兴修水利、植树造林等工程要尽可能采取“以工代赈”的方式，更多地吸纳灾区群众投工投劳。要鼓励灾区群众和移民，根据市场需要，因地制宜发展庭院经济和种养加工业，逐步形成各具特色的脱贫致富支柱产业。

8. 科学决策，严格按程序办事

灾后重建、根治水患是一项十分艰巨复杂的工作。必须坚持从实际出发，尊重客观规律，既积极，又稳妥。对平圩行洪、退田还湖、移民建镇等各项工作，各地都要在严格科学论证的基础上，制定切实可行的实施方案，并经过严格的审批程序办理。

平圩行洪、退田还湖、移民建镇方案的内容应包括：（1）平、退圩堤的基本情况，1998 年溃决情况；（2）操作的具体方式；（3）移民点的规划；（4）移民生产、生活的安排；（5）投资估算和资金筹措；（6）以县为单位耕地总量动态平衡的措施等。

方案的制定和申报要以县为单位进行。各有关县要在县委、县政府的领导下，设立专门工作机构或指定有关部门负责此项工作。要根据中央和省委、省政府的要求，结合当地实际，经过深入调查研究，充分听取农村基层干部和群众意见，并经科学论证后，制定切实可行的实施方案。方案经县委、县政府讨论通过后，以县政府名义上报省计委，并抄报行署（市政府）及省政府。各县上报的方案由省计委会同水利、土地、建设等部门审批。

方案批准后，由各县组织实施，有关地、市和省政府各有关部门要主动积极支持和帮助各县按批准的方案认真实施，各级政府有关部门要认真履行监督职能。

9. 为灾后重建提供政策支持

为了保证灾后重建工作的顺利进行，有关部门都要本着“大力支持，简化程序，依法办事，尽量优惠”的要求，支持灾后重建各项工作。

（1）对因平圩行洪、退田还湖减少耕地的移民，按规定办理免征农业税手续。

（2）平圩行洪、退田还湖、移民建镇（村）的农房应尽量使用闲置土地，尽可能不占用农地，严格控制占用耕地。确需占用耕地的，可通过复耕原宅基地进行置换，冲抵造地费。确需购买新迁址的农村集体经济组织的土地，按不高于省建设高速公路购地款的原则（即旱地每亩不超过 2000 元、水田每亩不超过 3000 元），给予适当补偿。属平圩行洪、退田还湖的移民建房可免交耕地占用税、土地使用税、房产税及防洪保安资金、造地费。

（3）移民建镇占用林地可按规定减免林木补偿费、林地补偿费、森林植被恢复费。

（4）退耕还林、还牧、还渔等农业内部结构调整的，免征耕地占用税。

（5）移民建镇中采石、采沙及制砖、制瓦所占用的矿产资源，免交矿产资源补偿费。

（6）灾后新建村、镇免征市政公用设施配套费、建设工程质量监督费、规划设计费、工程勘察设计费、建筑行业上级管理费、招投标管理费，减半收地形测量费，无偿为灾后重建提供规划设计和工程勘察设计服务。

（7）移民建镇新建公路，交通部门每公里补助2万元，做油路、水泥路面时，按县乡公路标准给予补助，并免息金。新建公路中的大、中桥梁，按每延米2000元标准补助。

（8）移民建镇（村）的电力增容贴费，原则上现有变电容量迁移的部分应予免收。

10. 加强领导，依靠群众，依法办事，确保灾后重建，根治水患，发展经济各项措施的顺利实施

各级党委、政府要切实加强对这项工作的领导，任务繁重的地方要作为今后相当长一段时间的最重要的工作，一届一届地抓下去，确保各项任务的完成。群众是重建家园的主体。要充分依靠群众，相信群众，组织群众和动员群众。要深入细致地开展思想政治工作，教育群众正确处理当前利益和长远利益、局部利益和全局利益的关系，把广大人民群众的积极性引导好、发挥好、保护好，不能搞强迫命令，不能简单从事，更不能损害农民的利益。各级领导要深入工作第一线，身先士卒，带领和组织基层干部群众发扬自力更生、艰苦奋斗的精神，搞好灾后重建、发展生产、根治水患。要进一步强化法律意识，严格执行《防洪法》、《水法》、《水土保持法》、《森林法》、《建筑法》等法规。做到依法治山、依法治水、依法规划。要抓紧制定封山育林实施办法、鄱阳湖区综合治理暂行条例等有关法规。坚持有法必依，执法必严，违法必究。坚决禁止围垦湖泊、侵占江河滩涂、封堵通江湖泊河道、乱采江河砂石。坚决清除河道障碍。加强江河湖泊和易洪易涝地区的管理，广泛采用先进科学技术，全面提高综合治理水平。严格按客观规律办事，重大建设项目和综合治理措施要科学论证、民主决策，广泛听取各方面的意见特别是专家学者的意见。在建筑施工、水土保持、水利设施建设等方面大力推广先进适用的科学技术。加强水文、通信、气象和防汛决策指挥系统的建设，做到科学治山、科学治水、科学防汛。广泛调动社会各方面力量，形成兴修水利和综合治理的合力。把根治水患灾害的立足点建立在自力更生、艰苦奋斗，动员和依靠全省人民共同参与上，广泛吸纳社会各方面的资金参与水利设施建设和综合治理，动员和组织全省人民积极投身到以兴修水利和植树造林为主要内容的综合治理上来，举全省之力夺取灾后重建，根治水患，发展经济的全面胜利。

附录3：江西省平垸行洪退田还湖移民建镇若干规定

江西省人民政府第102号令

（2000年12月29日）

第一章 总 则

第一条 为了贯彻国家“封山植树、退耕还林；平垸行洪、退田还湖；以工代赈、移民建镇；加固干堤、疏浚河湖”的方针，加强对平垸行洪、退田还湖、移民建镇的管理，制定本规定。

第二条 本省行政区域内经批准的平垸行洪、退田还湖、移民建镇适用本规定。

第三条 平垸行洪、退田还湖、移民建镇按下列原则执行：

（一）双退圩堤，圩内相应湖口水位22m（吴淞高程，下同）以下或者同河段20年一遇洪水位以下的土地退还为水域或者滩涂，圩内居住在相应高程以下的居民迁至圩外移民建镇；

（二）单退圩堤，圩内土地低水种养、高水还湖蓄洪，圩内居住在相应湖口水位22m以下或者同河段20年一遇洪水位以下的居民迁出原居住地移民建镇；

（三）分蓄洪区，圩内居住在相应湖口水位22.5m以下的居民迁出原居住地移民建镇；

（四）堤外滩地，居住在相应湖口水位22m以下或者同河段20年一遇洪水位以下的居民迁出原居住地移民建镇。

第四条 平垸行洪、退田还湖、移民建镇应当统筹规划、科学论证，坚持有利于防洪减灾、有利于灾区人民生产和生活、有利于湖区经济发展、有利于改善湖区生态环境、有利于推动小城镇建设的原则，禁止移民返迁、禁止不拆旧还基、禁止假平退圩堤。

第五条 有关市、县（区）人民政府应当加强对平垸行洪、退田还湖、移民建镇工作的领导，实行行政首长负责制，采取有力措施，为移民安居乐业、发展生产创造有利条件，并应当指定一个部门负责日常管理工作。

第六条 县级以上人民政府有关部门在平垸行洪、退田还湖、移民建镇工作中履行下列规定职责：

（一）计划部门负责做好计划的协调和综合平衡工作；

（二）财政部门按照有关规定做好移民建镇资金拨付和监督管理工作；

（三）水利部门负责做好平退圩堤的工程措施建设规划，组织编制工程建设项目的设计，按照基本建设程序做好建设项目的审批等前期工作和有关实施工作，并协助防汛指挥机构制定平退圩堤的防洪调度运用计划；

（四）建设部门负责组织新建移民点的规划、设计，指导施工，负责质量监督；

（五）国土资源部门负责移民建镇所需土地的规划、供应，组织土地复垦整理，办理土地登记发证；

（六）农业部门负责组织移民的农业产业结构调整，指导发展农业生产；

（七）电力部门负责做好新建移民点的电力规划、设计并组织施工，属农网改造的优先安排；

（八）交通部门负责对基层村以上的新建移民点的外接公路建设给予资金扶持；

（九）教育部门负责组织新建移民点中、小学校的规划建设；

（十）卫生部门负责组织新建移民点的乡镇医疗卫生机构的规划建设和血防工作；

（十一）监察部门负责受理群众举报，及时查处违法违纪行为；

（十二）审计部门依法对移民建镇资金定期进行审计，确保资金运行真实、合法、高效；

（十三）林业、粮食、地税、民政、电信、物价等部门应当按照各自的职责分工，密切配合，共同为平垸行洪、退田还湖、移民建镇做好指导、服务、管理、监督工作。

第七条 有关市、县（区）、乡（镇）人民政府应当建立严格的资金管理制度，确保平垸行洪、退田还湖、移民建镇资金专款专用。

第二章 移民的权利义务

第八条 移民户按下列原则确定：

（一）属于本规定第三条确定必须迁出的常住居民；

（二）有供自己常年居住的房屋且在本规定第三条规定的范围外无单栋（套）住房的；

（三）已依法单独立户并承担了按户分摊的村提留、乡统筹等义务。单独立户时间，第一、二期以1998年6月30日以前立户为准，第三期以后新增加的平退圩堤范围内移民以2000年6月30日以前立户为准。单独立户时，父亲已年满60周岁，母亲已年满55周岁，子女已享受移民补助资金的，其父母不再单独享受移民补助资金。

有移民任务的县级人民政府应当根据前款规定的原则，从当地实际出发，在确保平退圩堤范围内应当迁出的居民全部迁出的前提下，制定移民户的具体标准，向社会公布，并报省移民建镇办事机构备案。

确定为移民户的，以村为单位张榜公布。

第九条 移民享有下列权利：

（一）依据省政府的规定足额享受国家移民建房补助资金；

（二）享受《中共江西省委江西省人民政府关于灾后重建、根治水患的决定》（赣发〔1998〕22号）规定的8条优惠政策；

（三）依法参与村务管理；

（四）享有当地居民的同等权利。

第十条 移民应当承担下列义务：

（一）服从当地政府关于搬迁的统一安排，并按规划要求进行建设；

（二）服从国家对圩堤的平退或者分蓄洪调度；

（三）已建成新居且领取了移民补助资金的应当按照政府规定的期限拆除旧房，退还宅基地；

（四）承担与当地居民同等的义务。

第三章 圩堤的防洪运用与管理

第十一条 平垸行洪、退田还湖圩堤的防洪运用与管理应当服从流域综合规划和全省防洪总体安排，由圩堤所在地的县级人民政府负责。

第十二条 平垸行洪、退田还湖圩堤的防洪运用：

（一）双退圩堤按规定平毁后自然行蓄洪。

（二）单退圩堤遇进洪水位以上洪水时，必须进洪蓄水。单退圩堤进洪水位按下列规定执行：

1. 保护面积1万亩以上受湖洪控制的圩堤进洪水位为相应湖口水位21.68m，受河洪控制的圩堤进洪水位为相应河段10年一遇的洪水位；

2. 保护面积在1万亩以下受湖洪控制的圩堤进洪水位为相应湖口水位20.5m，受河洪控制的圩堤进洪水位为相应河段5年一遇的洪水位。

（三）余干县境内的貊皮岭分洪道属五河尾闾信江下游的重要分洪工程，其运用按省批准的方案执行；康山、珠湖、黄湖、方洲斜塘分蓄洪区属国家规定的长江蓄滞洪区，其运用按国家有关分蓄洪区的规定执行。

（四）堤外滩地的居民迁出后，自然行蓄洪，不再采取相应的工程措施。

第十三条 双退圩堤采取以下工程措施：

（一）对入鄱阳湖的江河，以赣江八一桥、信江梅港、昌江古县渡、修河永修县城、博阳河德安县城、西河章田渡为界，分界点以上河道划定的双退圩堤，应当将现有圩堤全部拆毁至相应河段警戒线水位以下 2m；分界点以下河道（包括尾闾地区、鄱阳湖区）划定的双退圩堤，采用顺水流方向开口行洪方式，上、下行洪口门平毁宽度视圩堤情况一般为 100～300m，行洪口门顶高程河道圩堤为相应河段警戒线水位以下 2m，湖区及尾闾区圩堤为相应湖口水位 18.5m；

（二）长江河段的双退圩堤采取开进洪口门行洪方式，对照采用进入鄱阳湖的江河分界点以下河道圩堤工程措施标准。

双退圩堤平毁或者自然溃口后，禁止修复。

第十四条 单退圩堤采取以下工程措施：

（一）保护面积 1 万亩以上的圩堤采用滚水坝和进、出洪闸相结合的方式，设置进、出洪工程，滚水坝顶高程为规定的进洪水位高程，坝长不少于 100m；

（二）保护面积 1 万亩以下的圩堤不增设新的工程措施，在规定的进洪水位扒口或者利用现有的排洪闸开闸进洪。

单退圩堤可以修复加固，但不得加高，在汛期遇到超进洪水位洪水时，禁止加子堤挡水。

第十五条 平垸行洪、退田还湖圩堤工程措施建设项目，依照基本建设程序审批，由所在地县级人民政府水行政主管部门组建项目法人组织实施。有关管理部门应当加强对工程项目建设的督促检查，确保工程质量。工程竣工验收后移交给县级人民政府确定的管理单位进行管理。

第四章 土地管理

第十六条 有关县、乡级人民政府应当根据当地土地资源条件和全省防洪总体安排，组织修订土地利用总体规划，合理安排移民生产、生活用地。

第十七条 双退圩堤内恢复为水域或者滩涂的土地，其所有权确定为国有。

双退圩堤内按本规定第三条规定不恢复为水域或者滩涂的土地，其所有权性质不变。

双退圩堤、单退圩堤内及堤外滩地在相应湖口水位 23m 以下或者同河段 20 年一遇洪水位以下禁止新建居民点或者其他永久性建筑物、构筑物，但经县级以上人民政府水行政主管部门批准建设的水利设施除外。

第十八条 双退圩堤内没有外迁安排生产用地的移民原承包现已恢复为水域或者滩涂的土地在自然状态下，继续由其使用、经营和管理；已经外迁并安排了生产用地的移民原承包的土地，在自然状态下其使用权及使用方式在不影响防洪的前提下由土地所在地县级人民政府确定，已经外迁并安排了生产用地的移民不得干涉其使用、经营和管理。

按前款规定使用的土地，原负担了农业税的，予以免征农业税。因免征农业税而影响的财政收入，由省财政在转移支付中补助一部分，县（市、区）自行消化一部分，具体办法待农村税费改革时，由省人民政府另行规定；原承担了粮食定购任务的，由粮食部门会同计划、农业、土地行政主管部门核定数字，逐级报省人民政府核减。

第十九条 单退圩堤内的土地，其所有权性质不变，仍由原集体经济组织或者原承包者使用、经营和管理。

单退圩堤按规定进洪水位行蓄洪后圩内凡属农业税计税土地且当年没有收益的，相应核减其农业税，核减的农业税按财政体制负担。

第二十条 移民建镇用地可以采取以下方式取得：

（一）本集体经济组织的土地；

（二）国有农、林、牧、渔、垦殖场的土地；

（三）以本集体经济组织的土地与农村其他集体经济组织的土地进行调换；

（四）农村集体经济组织之间有偿调剂；

（五）由县级人民政府征用农村集体所有的土地，再划拨给移民使用。

符合土地利用总体规划、村镇规划和移民安置条件的移民建镇用地，农村集体经济组织调剂不成的，由乡级人民政府或者县级人民政府协调，协调不成的由县级人民政府予以征用。移民建镇用地跨市、县的，由有关市、县人民政府协商解决，协商不成的，由其共同的上一级人民政府决定。

第二十一条 经批准的移民建镇用地只能用于移民的住宅建设和配套的公用设施建设，不得移作他用。

第二十二条 移民宅基地分配应当公正、公平、公开。集镇、中心村地段较好的宅基地，可以依法向移民采取公开拍卖的方式提供。拍卖所得收益全部用于移民建镇。

移民户只能拥有一处宅基地，宅基地面积标准不得突破《江西省实施〈中华人民共和国土地管理法〉办法》的规定。

第二十三条 鼓励移民到乡人民政府所在地的集镇或者建制镇以上的城镇安家落户，自谋职业，有关部门应当根据移民的意愿解决其城镇户口。

第二十四条 移民建镇使用的下列土地，其所有权确定给移民的集体经济组织：

（一）本集体经济组织的土地；

（二）本集体经济组织与农村其他集体经济组织调换的土地；

（三）农村其他集体经济组织有偿调剂的土地。

使用前款第（二）、（三）项土地，应当由移民的集体经济组织与农村其他集体经济组织之间签订协议，并依法办理土地变更登记，确认所有权。

第二十五条 移民建镇使用国有农、林、牧、渔、垦殖场土地的或者使用通过征用取得的土地的，其土地所有权属于国家，由县级以上人民政府依法确定给移民或者移民的集体经济组织使用。

第二十六条 双退外迁继续从事农业种植的移民应当安置到人均耕地较多的地方，安排给移民的耕地一般人均不得少于666m^2，但当地人均耕地不足 $666m^2$ 的应当不低于当地的人均标准。

移民的耕地可以通过以下方式解决：

（一）以本集体经济组织的土地与农村其他集体经济组织的土地调换；

（二）由农村其他集体经济组织调剂；

（三）从国有农、林、牧、渔、垦殖场中调剂；

（四）开发宜农的土地后备资源。

对自愿进城镇安置的移民，可不再安排生产用地。

第二十七条 有关县、乡级人民政府应当在保证土地生态环境协调发展的前提下，按照土地利用总体规划和全省防洪总体安排，制订切实可行的土地开发、复垦、整理规划和计划，鼓励和引导移民开发宜农的土地后备资源。

单退圩堤内的宅基地应当进行开发整理，能复垦成耕地的必须复垦成耕地。

土地开发、复垦、整理采取移民投工投劳与政府补助相结合的方法进行。政府补助资金可以从耕地开发、复垦专项资金中优先安排。

第二十八条 从国有农、林、牧、渔、垦殖场中调剂的移民生产用地，属于国家所有，由市、县人民政府依法确定给移民或者移民的集体经济组织使用。

以本集体经济组织的土地与农村其他集体经济组织的土地调换的移民生产用地，或者由农村其他集体经济组织调剂的移民生产用地，所有权归移民的集体经济组织，但需由移民的集体经济组织与农村其他集体经济组织签订协议，并依法办理土地变更登记，确认所有权。

第二十九条 开发国有土地后备资源的，开发的土地由市、县人民政府依法确定给移民或者移民的集体经济组织使用。

开发其他集体组织所有的土地后备资源的，由移民的集体经济组织与该土地的所有者签订协议，经土地所在地的乡级人民政府审核，报县（市）人民政府批准，土地所在地属区人民政府管辖的，报设区的市人民政府批准后，该土地变更为移民的集体经济组织所有。

单退圩堤内退出的建设用地所有权不变，经复垦整理成耕地后可依法承包给移民耕种。

第三十条 安排给移民的生产用地应当严格执行国家和本省有关土地第二轮承包的各项政策规定，承包期限与第二轮土地承包相衔接。

第三十一条 平垸行洪、退田还湖、移民建镇中的土地所有权、使用权变更以及进行非农业建设的，必须依照土地管理法律法规的规定办理审批手续，避免产生新的土地权属纠纷。

移民建镇用地以一个移民建镇点为单位统一办理建设用地审批手续。其中使用国家征用的土地的应当办理征地审批手续。

第三十二条 平垸行洪、退田还湖、移民建镇中涉及的土地所有权、使用权变更必须依法办理土地登记、统计和发证手续。

第五章 移民建镇规划与建设

第三十三条 移民建镇必须依照国家村镇规划标准和用地标准编制规划。

第三十四条 移民建镇应当多建集镇、中心村，少建基层村，严格控制建20户以下的分散零星移民点。双退外迁的移民在有利于解决移民生计的前提下可以依托自然村分散安置。

第三十五条 移民建镇选点必须在相应湖口水位23m以上或者同河段20年一遇洪水位以上高地，避开缺乏生活水源、地质灾害易发区以及地势高差过大的区域，其耕作半径一般不超过5km。

第三十六条 移民建镇点按人口分级编制规划，500人以下按基层村、500人以上2000人以下按中心村、2000人以上按集镇编制规划。

第三十七条 移民建镇点规划按下列规定编制：

（一）集镇和中心村的规划应当委托有资质的规划设计单位

编制；

（二）基层村的规划可以在县级人民政府建设行政主管部门或者有资质的规划设计单位的指导下，由乡级人民政府组织技术人员编制。

第三十八条 规划按下列规定审批：

（一）集镇规划应当经村民会议或者村民代表会议讨论，乡级人民代表大会审查同意，由乡级人民政府报县级人民政府批准，并报省、设区的市建设行政主管部门备案；

（二）中心村、基层村规划应当经村民会议或者村民代表会议讨论同意，由乡级人民政府审查，报县级人民政府批准。

县级人民政府在批准集镇规划前，应当组织建设、计划、水利、国土资源、教育、卫生、交通、农业、电力、电信等部门进行论证。

经批准的规划确需修改的，必须报经原批准机关批准。

第三十九条 经批准的移民建镇点规划，由县、乡级人民政府组织实施，任何单位和个人在规划区内进行建设，应当符合规划的要求。

第四十条 移民建镇点的建设应当在搞好“三通一平”的前提下，坚持先地下工程后地上工程、近期建设与长远发展相结合、房屋与公用基础设施同步配套建设的原则。

县、乡级人民政府应当对移民建房和公用基础设施建设实施统一管理。

第四十一条 在建制镇规划区范围内建房，以移民建镇点为单位向县级人民政府建设行政主管部门或者其委托的乡级人民政府申办“一书两证”（即选址意见书、建设用地规划许可证、建设工程规划许可证）；在集镇、村庄建房，以移民建镇点为单位向乡级人民政府申办“一书一证”（即选址意见书、村镇房屋建设许可证）。在本规定施行前未及时申办的，应当在本规定实施后3个月内补办。

第四十二条 在移民建镇点从事建筑工程的施工单位，必须具备相应的资质等级。从事移民建房的村镇建筑工匠，必须按有关规定办理施工资质审批手续。

第四十三条 移民建镇的公用基础工程单项工程造价10万元以上的应当采取招标方式确定施工队伍，其中10万元以上、30万元以下的由乡级人民政府移民建镇办事机构组织招标，30万元以上的由县级人民政府移民建镇办事机构组织招标，并比照项目法人制实行责任制，由项目责任人对工程质量和造价负责。

第四十四条 加强对移民建房和公用基础设施建设项目的质量监督管理。移民建镇点都应当派驻质监员，按规定分阶段对工程质量进行验收，质量不合格的限期整改。工程竣工后应当及时组织验收，质量合格的方可投入使用。

第四十五条 已经建成的移民建镇点应当按有关规定命名，依法建立健全基层群众自治组织，制定管理环境卫生、园林绿化和公用基础设施等方面的规章制度。

乡级人民政府驻地迁移的应当按行政区划管理规定，报省人民政府批准。

第六章 法律责任

第四十六条 违反本规定第十三条、第十四条有下列行为之一，由省水行政主管部门责令所在地县级人民政府限期改正；逾期拒不改正的，由省水行政主管部门提请省监察部门分级依法对负有责任的县、乡级行政领导给予行政处分：

（一）将已经平毁或者自然溃口的双退圩堤重新修复的；

（二）双退圩堤不按规定拆毁或者设置行洪口的；

（三）加高单退圩堤或者汛期在单退圩堤上加子堤挡水的；

（四）单退圩堤不按规定采取工程措施的。

第四十七条 违反本规定第十七条第三款规定，在双退圩堤内或者在单退圩堤、堤外滩地规定禁止建设的范围内新建居民点或者其他永久性建筑物、构筑物的，由所在地县级人民政府责令限期拆除；逾期拒不拆除的，由县级人民政府决定强制拆除，拆除所需费用由当事人负担。

第四十八条 违反本规定第十条第三项规定，已建成新居且领取了移民补助资金的移民不按所在地县级人民政府规定的期限拆除旧房，退还宅基地的，由所在地县级人民政府决定强制拆除，拆除所需费用由当事人负担。

第四十九条 违反本规定第三十九条规定，移民不按移民建镇点规划要求进行建设的，由县级以上人民政府建设行政主管部门责令停止建设，并视情采取限期改正、限期拆除或者没收违法建筑物、构筑物和其他设施的措施或者处罚。

第五十条 违反本规定第四十三条规定，移民建镇的公用基础工程不按规定实行招标的，由建设行政主管部门责令停止施工，限期重新招标；对直接责任人由其所在单位或者上级主管部门依法给予行政处分。

第五十一条 移民对行政机关依据本规定作出的具体行政行为不服的，可以依法申请行政复议、提起行政诉讼。

第五十二条 国家工作人员在平垸行洪、退田还湖、移民建镇工作中弄虚作假、敲诈勒索、打击报复、滥用职权、玩忽职守、徇私舞弊、贪污贿赂或者挪用移民建镇资金的，依法给予行政处分；构成犯罪的，依法追究刑事责任。

第七章 附　　则

第五十三条 本规定具体应用中的问题由省人民政府法制办公室会同有关部门负责解释。

第五十四条 本规定自公布之日起施行。省人民政府及其有关部门以前发布的有关规定与本规定不一致的以本规定为准。

后　记

在工作了30多年、即将退休之际，我一边工作、一边开始撰写此书，查阅了大量资料，断断续续一直写到退休3个月后才完成初稿，又经过近半年时间的精心修改才得以脱稿。

亲身经历这场史无前例的移民建镇工程，要记录的内容远不止这些，只能选一些有记忆、有影响、有意义、有回味的素材来加以整理。此书重点突出记载党中央、国务院的科学决策和中央领导的亲切关怀，突出记载江西省委、省政府和湖区各级党委政府的精心组织与实施，突出记载湖区广大干部群众的迫切心愿和艰苦创业，突出记载移民建镇的丰功伟绩和移民群众安居乐业的情景。并力求观点鲜明、述事清楚、条理分明、可读性强。

我厅参加省移民建镇办具体工作的同志还有：钟宪明、陈荣、李道鹏、谢桦、卓柳堂、王纪洪、聂新民、李永华、刘雁翎、曾宝芽、熊峰、钱瑜、熊丹、胡冰、鄢国模、向仲平、胡厚均、龚涛、叶明和、邓淑玲、张家刚、朱建民。

在写作过程中，得到了许多老领导、老同事的大力支持和鼓励，提供了不少有价值的资料以及写作思路。特别是聂新民同志，将保存多年的移民建镇工作全套资料无偿提供给我，从而使此书内容更加翔实、记事更加准确。本书还参考了波阳县原县长汪自安主编的《水乡巨变——鄱阳县移民建镇纪实》。在此一并表示感谢！

由于作者水平有限，书中难免有不少错误，恳请读者批评指正。

责任编辑：胡明安
封面设计：智达设计

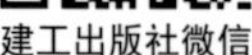
建工出版社微信

经销单位：各地新华书店、建筑书店
网络销售：本社网址 http://www.cabp.com.cn
中国建筑出版在线 http://www.cabplink.com
中国建筑书店 http://www.china-building.com.cn
本社淘宝天猫商城 http://zgjzgycbs.tmall.com
博库书城 http://www.bookuu.com
图书销售分类：建筑学（A30）

ISBN 978-7-112-20881-4
9 787112 208814

（30348）定价：18.00 元